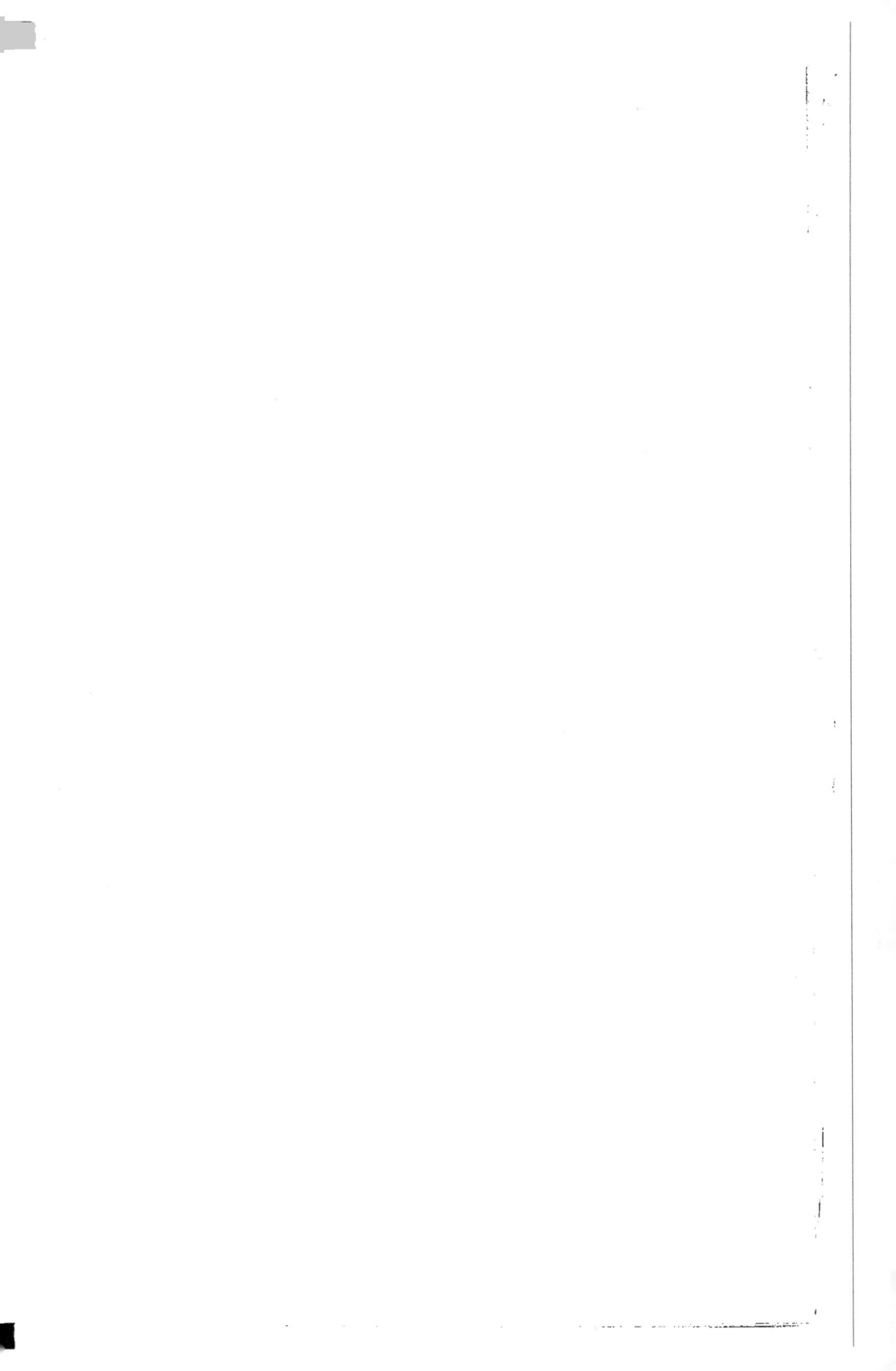

LA SÉRICICULTURE

LE COMMERCE DES SOIES ET DES GRAINES

ET L'INDUSTRIE DE LA SOIE

AU JAPON

PAR

ERNEST DE BAVIER

AVEC UNE CARTE DU JAPON ET SEPT PLANCHES

LYON
H. GEORG, LIBRAIRE-ÉDITEUR
65, RUE DE LYON
Maisons à Genève et à Bâle

MILAN
DUMOLARD FRÈRES, LIBRAIRES
CORSO VITTORIO-EMANUELE, 21
Seuls Dépositaires pour l'Italie

LONDRES, BAILLIÈRE, TINDALL & Cⁱᵉ. ÉDITEURS, 20, KING WILLIAM STREET, STRAND

SE TROUVE AUSSI IMPRIMERIE PITRAT AÎNÉ, 4, RUE GENTIL, A LYON

1874

LA SÉRICICULTURE

LE COMMERCE DES SOIES ET DES GRAINES

ET L'INDUSTRIE DE LA SOIE

AU JAPON

PAR

ERNEST DE BAVIER

AVEC UNE CARTE DU JAPON ET SEPT PLANCHES

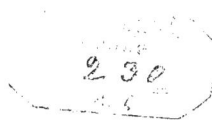

LYON
H. GEORG, LIBRAIRE-ÉDITEUR
63, RUE DE LYON
Maisons à Genève et à Bâle

MILAN
DUMOLARD FRÈRES, LIBRAIRES
CORSO VICTOR-EMMANUELE, 21
Seuls Dépositaires pour l'Italie

LONDRES, BAILLIÈRE, TINDALL & Cᵒ, ÉDITEURS, 20, KING WILLIAM STREET, STRAND

SE TROUVE AUSSI IMPRIMERIE PITRAT AINÉ, 4, RUE CENTIL, A LYON

1874

LA SÉRICICULTURE

LE COMMERCE DES SOIES ET DES GRAINES

ET L'INDUSTRIE DE LA SOIE

AU JAPON

LYON. — IMPRIMERIE PITRAT AINÉ, RUE GENTIL, 4.

TABLE DES MATIÈRES

TROISIÈME PARTIE

L'INDUSTRIE DE LA SOIE AU JAPON

APPENDICE

LE BOMBYX YAMAMAÏ

FIN DE LA TABLE DES MATIÈRES

PRÉFACE

L'intérêt croissant, manifesté par le commerce européen pour le Japon et la grande révolution qui s'y accomplit actuellement dans le sens du progrès, encouragea l'auteur à suivre l'invitation du *Comité pour l'Orient et l'Asie orientale* fonctionnant à l'Exposition de Vienne, en publiant les pages suivantes qui traitent du plus important des produits japonais, — la Soie.

Loin de vouloir fournir des données essentiellement nouvelles sur le ver à soie japonais, sujet depuis longtemps traité par des autorités de différents pays, l'intention de l'auteur était plutôt de donner un ensemble complet de tout ce qui concerne la soie au Japon, en joignant à la *description du ver à soie* un tableau de l'influence exercée par l'*avénement des étrangers* au Japon sur la sériciculture de ce pays, et de la *situation actuelle du marché des soies japonais*, qu'il a pu étudier pendant un séjour au Japon de plusieurs années. Si le cadre que nous venons d'indiquer fut élargi en faveur de quelques notes sur l'*industrie indigène* et de la description des machines employées par la *filature et le tissage* au Japon, c'est que l'auteur s'est rendu au désir exprimé par quelques-uns de ses collègues du Jury international de l'Exposition universelle de 1873, qui ont pris le plus vif intérêt aux simples appareils exposés dans la section de M. Édouard de Bavier, au Palais de l'Industrie, à Vienne, appareils servant au Japon soit à produire, soit à ouvrer la soie. L'auteur est redevable de la description de ces machines au secrétaire du Comité pour l'Orient et l'Asie orientale, M. A. de Scala ; il saisit cette occasion pour remercier M. de Scala de ses bons offices ainsi que de son empressement à obliger les exposants de l'Asie orientale, persuadé qu'il est d'avoir exprimé par là les sentiments de tous les intéressés.

PREMIÈRE PARTIE

———

LA SÉRICICULTURE

AU JAPON

I

ORIGINE DE LA SÉRICICULTURE AU JAPON

———

Il existe une foule de données mythologiques touchant
l'origine de la sériciculture au Japon ; cependant personne,
même dans le peuple, ne trouve à propos d'y ajouter foi.

Parmi ces légendes, il en est une qui attribue la création
du ver à soie à une vierge japonaise, qui l'aurait tiré de
ses cils. Une autre nous raconte qu'une enfant du roi des
Indes, exposée par une marâtre cruelle et livrée par elle à
la merci des vagues dans un mûrier creux, aurait été jetée
aux côtes du Japon, et, expirant aussitôt, transformée en
un ver à soie. La petite princesse, dit toujours la légende,
avait été livrée d'abord à des lions sauvages, puis à des

aigles, bannie ensuite dans une île solitaire et déserte, où un pêcheur, abordant avec son canot, la délivra, enfin enterrée vive dans la cour du château : mais elle était sortie saine et sauve de toutes ces épreuves. — C'est à ces quatre aventures que se rapportent les dénominations japonaises des quatre mues du ver à soie.

La première mue, le temps du Lion : *Sishi-no-oki* [1].

La seconde mue, temps de l'aigle ou du faucon : *Taka-no-oki*.

La troisième mue, temps du canot : *Founé-no-oki*.

La quatrième mue, temps de la cour : *Niwa-no-oki*.

Les historiens du Japon parlent différemment sur l'introduction de la sériciculture au Japon. L'opinion la plus répandue paraît être que cette industrie fut introduite l'an 289 de notre ère par des immigrants koréens et chinois. On ajoute qu'au vᵉ siècle il fut une époque où, par le concours d'ouvriers koréens, les industries de toute nature prirent un élan des plus puissants.

Youliak, le mikado de l'année 472, ordonna la plantation de mûriers et encouragea de toute manière la sériciculture. Celle-ci s'exerça même à sa cour. Il ordonna que les immigrants koréens et chinois payeraient à l'avenir leurs contributions en soie. Cependant ce ne fut que dans la seconde moitié du vIᵉ siècle que la sériciculture au Japon devint une branche générale d'industrie, qui s'étendit de plus en plus, sous la protection et la faveur du gouvernement. On

---

[1] *Sishi-no-oki* (réveil du lion) ou bien *Sishi-no-yasumi* (repos du lion), etc.

raconte que la sériciculture se développa tellement dans certaines parties du pays, que les autres cultures, celle du riz en particulier, commencèrent à en souffrir et qu'une famine menaça d'éclater, de sorte que les gouvernements se virent dans la nécessité de prendre des mesures restrictives. Dans quelques principautés on alla jusqu'à défendre la culture de la soie, et dans le Satsouma, il fut interdit aux gens du peuple de porter des habits de soie. D'autres princes érigèrent en monopole la culture et le tissage de la soie et disposèrent de ses produits soit pour les besoins de leurs courtisans, soit pour les cadeaux destinés à des princes amis.

Voici ce que dit, touchant l'*introduction du tissage de la soie*, le professeur hollandais Hoffmann, dans sa traduction du *Nipon-ki*, les annales les plus anciennes du Japon :

En 306, de notre ère, quelques-uns des immigrants koréens, qui avaient introduit la sériciculture au Japon, furent envoyés en Chine avec l'ordre de ramener avec eux des ouvrières. Ils se rendirent par le nord de la Korée (Kaoli), dont le roi leur donna des guides, au pays d'Ou (Mongolie chinoise), furent très-bien reçus du souverain et obtinrent de lui quatre jeunes filles, dont deux étaient couturières, les deux autres tisserandes, avec lesquelles ils rentrèrent au Japon en 310. L'une de ces Chinoises fut laissée à Zoukoushi dans l'île de Kioushiou, les autres furent conduites dans le voisinage d'Osaka et introduisirent l'art de tisser à la cour même. L'une de ces ouvrières, nommée Kouréva-tori-fimé, tissait des étoffes simples ; l'autre appelée Agawa-tori-fimé, des étoffes brochées. En souvenir de cette origine, il existe encore à Jkéda, dans la province de Sétsou, une chapelle consacrée à Kouréva-tori-fimé.

Quoi qu'il en soit, la sériciculture, au dire des autorités japonaises, ne paraît s'être répandue généralement dans le

Japon que depuis les cinquante ans qui viennent de s'écouler.

Ajoutons que Kaempfer parle de soies introduites, de son vivant, au Japon, provenant de Chine, du Tonking et de Perse.

II

RACES JAPONAISES DE VERS A SOIE

———

Il existe au Japon deux races de vers à soie : *Bombyx mori* et *Bombyx yamamaï*. Pour le moment, nous n'avons à nous occuper que de la première. Quant à celle-ci, nous distinguons les races *Annuels* et les *Bivoltins*, et, d'après la couleur, deux espèces principales, une *blanche* et une *verdâtre*.

Les anciens livres japonais parlent d'une race de vers marquée de *taches noires régulières*, et d'une autre espèce qui, à cause de ses cocons jaunes, s'appelle *Kinko* (enfants dorés). Il paraît que ces deux dernières espèces n'existent plus.

Les vers japonais traversent les quatre mues, à l'exception d'une race d'Etshizen, qui file le cocon au bout de la troisième mue.

Les cocons japonais sont plus petits que ceux de l'Europe et du Levant.

Tandis que par le passé les races blanches étaient plus répandues et plus en faveur au Japon que les races verdâtres, ce rapport a été renversé maintenant, par suite de la naissance du commerce des graines, qui a donné la préférence à l'espèce verdâtre.

III

ÉTAT ACTUEL DE LA SÉRICICULTURE AU JAPON

DIVISION SÉRICICOLE

Cherchons maintenant, aidés de notre carte, à nous faire une idée de la *sériciculture actuelle du Japon*. Les provinces de ce pays dans lesquelles se cultive la soie, peuvent, d'après les qualités qu'elles produisent et d'après leur situation, se diviser en trois zones, savoir :

Une zone SEPTENTRIONALE,
Une zone CENTRALE,
Et une zone AUSTRALE.

Nous reviendrons plus tard sur les qualités de soie que produisent ces zones. Avant de nous occuper de la sériciculture des différentes parties du Nipon, nous avons à

donner quelques détails sur la division et la configuration
géographique du Japon, en tant que ces questions peuvent
toucher la sériciculture.

Parmi les quatre îles principales dont se compose le
Japon, savoir : *Yéso, Nipon, Kioushiou, Sikok*, les îles
Sagalhien, Sado, et l'infinité des îlots, il n'y a que l'île de
Nipon qui produise de la soie. Elle est la plus grande,
attendu qu'elle offre une surface d'environ 95,000 milles
carrés anglais, en d'autres termes plus de la moitié de la
surface carrée de tout le Japon, que l'on évalue à 179,000
milles carrés anglais [1]. La configuration du sol et la situation du Nipon font très-bien comprendre que le Japon produise tant de qualités de soies différentes. On en porte le
nombre à environ vingt espèces sensiblement variées.

Une chaîne de montagnes, qui prend son origine au nord
du Nipon et se compose à son point de départ plutôt d'une
foule de cônes volcaniques, traverse le milieu de cette île
en se dirigeant vers le sud, et forme des deux côtés des
embranchements qui, au nord, se détachent et vont mourir
vers la côte, au midi, prennent des proportions plus considérables, une consistance plus accusée, tandis qu'à l'est
elles s'abaissent lentement vers la côte pour disparaître
complétement dans les plaines d'*Oshiou-Sendaï*. La chaîne
principale s'élargit à cette hauteur et se bifurque au sud,
formant dans son milieu plusieurs plateaux, comme ceux

---

[1] Il y a peu de temps qu'on a tenté d'introduire la sériciculture dans l'île de Sikok,
cependant, les résultats n'en sont pas encore connus; dans le voisinage de Nagasaki,
il y a aussi quelques éducations insignifiantes.

d'*Oshiou-Yonésawa* et d'*Oshiou-Wakamatz*. En même temps elle s'étend à l'ouest, en s'élevant fortement vers la mer et formant ainsi le beau pays de *Shonaï*.

Plus loin se perd le caractère d'un système de montagnes régulier. Vers l'ouest s'élèvent les monts d'*Etshingo*, *Etshiou*, et vers le sud et le sud-ouest le groupe sauvage et déchiré de *Sinshiou*, *Shida* et *Koshiou*, qui, au sud, vers *Yokohama*, finit par le volcan isolé *Fousiyama*, s'élevant à une hauteur de 14,500 pieds. A l'est de ce groupe, la plus grande partie du *Djoshiou* et de la province de *Mousashi* est couverte de collines médiocres. On peut considérer ces deux provinces, par rapport aux charmes du paysage aussi bien qu'à la culture soigneuse du sol, comme le jardin du Japon. A l'ouest d'*Etshiou* se présentent les rizières du *Kanga*, puis de nouveau des montagnes, comme celles d'*Etshizen* et de la *zone australe* [1].

La variété des produits séricicoles du Japon s'explique sans peine, en considérant que la sériciculture s'étend par tout le Nipon, du nord au sud et de l'est à l'ouest, surface assez vaste pour amener de grandes divergences de climat ; — en faisant attention au nombre infini des vallées qui,

---

[1] Quant à la configuration géographique du Nipon, l'auteur eut l'occasion de s'en faire une idée pendant un voyage qu'il fit l'année passée avec le consul général du Danemark, M. Édouard de Bavier. Ce voyage de deux mois fut commencé par la traversée de Yokohama à l'île de Yeso, puis, après avoir, par le détroit de Sangar, atteint la pointe nord du Nipon, les voyageurs se dirigèrent vers le sud de cette île, en poussant des pointes à l'est et à l'ouest. La plus grande partie de ce voyage se fit dans des contrées jamais encore visitées par des Européens et dans les plus riches provinces séricicoles du Japon. Quelques-unes des vues exposées dans cette brochure sont le fruit des observations faites pendant ce voyage.

selon leur direction et leur degré d'éloignement de la mer, présentent, bien que fort rapprochées les unes des autres, des climats fort différents ; — en songeant enfin au caractère très-varié des éducations et des filatures.

Avant de nous prononcer sur l'importance relative de chaque province, nous ferons observer que l'ancienne division du Japon a été, en 1871, remplacée par une nouvelle, qui se compose de trois capitales et de soixante-six arrondissements. Toutefois, nous avons jugé plus avantageux d'adopter dans notre carte la division antérieure, parce qu'elle renferme un grand nombre de termes géographiques qui, désignant la provenance des soies, ont leur ancien droit de cité dans le vocabulaire du commerce et répondent par là, mieux que les termes nouveaux, à notre plan de dessiner la carte séricicole du Japon [1].

L'ancienne division se composait de 9 districts et de 85 provinces. La voici :

Premier district : KINAÏ

PROVINCES	VILLES MARQUÉES SUR LA CARTE
YAMASHIRO.	Kioto.
YAMATO.	
KAWATSHIOU.	
JZOUMI.	
SETSOU.	Hiogo, Osaka.

[1] La carte est composée d'après les mesurages nautiques les plus récents. Les *hachures* désignant les districts séricicoles sont empruntées à une carte dessinée par M. Édouard de Bavier et ayant fait partie de sa section à l'Exposition de Vienne. Les *hachures espacées* indiquent les cultures du *Bombyx mori*, les *hachures serrées et croisées* celles du *Bombyx yamamaï*. Quant à l'indication des villes nous nous sommes bornés principalement aux endroits qui ont une importance dans le commerce des soies. Pour ne pas nuire à l'ensemble nous avons, à peu d'exceptions près, omis l'indication des montagnes.

Deuxième district : **TOKAÏDO**

IGA.

YSE.

SHIMA.

OWARI. . . . . Nangoya.

MIKAWA.

TOTOMI.

SOUROUNGA.

KAÏ ou KOSHIOU. . . . . . Kofou.

IZOU.

SAGAMI.

MOUSASHI ou BOUSHIOU. . . Tokio, Hachodji, Yokohama,
Tsitshibou, Shimamoura.

AWA.

KAZOUZA.

SHIMCSA

IIITATSHI . . . . Mito.

Troisième district : **TOSANDO**

OMI ou GOSHIOU. . . . . Shikoué, Nagahama.

MINO. . . . . Gifou.

SHIDA.

SHINANO ou SINSHIOU . . . Takato, Ida, Shimonoswa, Ta-
naka, Matsmoto, Fourou-
maya, Ouéda, Dsenkodji,
Matshiro.

KODZOUKÉ ou DJOSHIOU. . . Maïbash, Anéka, Takasaki,
Shimonita, Kiriou, Isésaki,
Tomioka.

SHIMOZOUKÉ . . . . . . Niko, Ousounomya, Ashkanga.

IWAKI. . . . . Miharou, Shirakawa.

IWASHIRO . . . . Wakamatz, Foukoushima, Ni-
honmatz.

RIKOUSEN (Daté). . . . . Sendaï, Shiwohama, Kakéda.

RIKOUTSHOU . . . . . . Morioka.

MOUTSOU . . . . Kozen, Kouroïshi.

OUZEN (Dewa). . . . . . Shonaï, Yamangata, Kaminoyama, Yonésawa.

OUNGO (Dewa). . . . . . Akita, Honjio.

Quatrième district : HOKOUROKOUDO

WAKASA.
ETSHIZEN . . . . Kazyama, Sourounga.
KANGA. . . . . Kanasawa, Komaz, Daïshiodji.
NOTO.
ETSHIOU. . . . . Toyama.
ETSHINGO. . . . . . . Nigata, Nangoka.
SADO (île).

Cinquième district : SANINDO

TANBA.
TANGO . . . . Tanabé, Miazou.
TAJIMA.
INABA.
HOKI.
IZOUMO.
IWAMI . . . . Zouwano.
OKI.

Sixième district : SANYODO

HARIMA.
MIMASAKA.
BIZEN . . . . Okayama.
BICHIOU.
BINGO.
AKI.
SOUWO.
NAGATO. . . . . Shimonoséki, Hangi.

Septième district : NANKAÏDO

KII ou KISHIOU (Nipon). . Wakayama, Tanabé.
Awaï (île).

```
        ⎰ AWA.
ILE     ⎱ SANOUKI.
DE      ⎰ YIO.
SIKOK   ⎱ TOSA . . . . . . Takachi.
```

Huitième district : SAÏKAÏDO

ILE DE KIOUSHIOU	Tshikousen. . . .	Foukouoka.
	Tshikoungo.	
	Bousen.	
ILE DE KIOUSHIOU	Boungo.	
	Hizen.	Sauga, Nagasaki.
	Higo.	Koumamoto.
	Hiouga.	
	Osoumi.	
	Satsouma. . . .	Kagoshima.
ILES	Iri.	
	Tsousiima.	
	Liou-kiou.	

Neuvième district : HOKAIDO (île de Yéso, avec le port d'Hakodaté et îles du Nord)

Oshima.	Hikada.
Shiribeshi.	Tokatsii.
Ishikari.	Koushiro.
Teshiwo.	Némoro.
Kitami.	Tshizima.
Ib uri.	

Les provinces séricicoles participent aux trois zones comme suit :

ZONE SEPTENTRIONALE

Iwaki, Iwashiro, Rikousen, Rikoutshou, Moutzou, Ouzen, Oungo, Etshingo.

ZONE CENTRALE

Koshiou, Sagami, Mousashi, Shimousa, Hitatshi, Shida, Sinshiou, Djoshiou, Shimozouke, Etshiou.

ZONE AUSTRALE

Yamashiro, Yamato, Ysé, Owari, Mikawa, Totomi, Goshiou, Mino, Etshizen, Tanba, Tango, Tajima, Inaba, Harima.

IMPORTANCE SÉRICICOLE COMPARATIVE

Touchant les races de vers à soie élevées dans les provinces que nous venons de nommer et leur *importance comparative*, on peut faire les observations suivantes :

ZONE SEPTENTRIONALE

La *sériciculture de la zone septentrionale* commence au nord-ouest, dans les provinces de *Moutsou* et d'*Oungo*, et au nord-est dans la province de *Rikoutshou*, où, à cause du climat rude, elle est insignifiante. Dans les deux premières provinces, il y a des contrées où les collines sont plantées de mûriers sauvages, sans que pour cela on y élève le ver à soie.

Dans *Oungo*, la sériciculture se concentre surtout aux environs de la ville d'*Akita* (Kouboda).

Au sud de la province Oungo, dans la province d'*Ouzen*, la culture de la soie arrive à un degré d'importance très-considérable, et les villes y situées : *Yamangata*, *Kaminoyama*, *Yonésawa*, sont des noms très-connus dans le commerce des soies. La dernière est en même temps le marché principal de cette province.

Les trois villes que nous venons de citer sont situées sur des plateaux bordés de toutes parts soit de montagnes élevées, soit de collines médiocres ; le long des coteaux ser-

pentent les plantations de mûriers, tandis que des rizières
occupent le fond des vallées. La sériciculture se concentre
dans ces trois districts, tandis que du côté de l'ouest *(Sho-*
naï) elle n'est que faiblement représentée. Les graines de
vers à soie se produisent surtout aux environs de la ville de
Yonésawa, près de laquelle, dans une vallée charmante,
se trouvent les villages de *Koïdé* et de *Narita*, célèbres pour
la qualité supérieure de leurs cartons. Les races élevées
dans cette province sont toutes annuelles vertes et vert-clair,
souvent tirant sur le jaune, fournissant de gros cocons ronds
de qualité très-belle, vigoureuse, à gros grain. Cette province,
pour la production des soies aussi bien que pour celle des
cartons, est la seconde en rang de la zone septentrionale.

A l'est d'Ouzen est située la province de *Rikouzen*, qui
a beaucoup moins de montagnes et qui du côté de la mer
est traversée de grandes plaines. La sériciculture se concentre davantage à l'ouest et au nord de la ville de *Sendaï*,
marché principal de cette province, et se trouve être ainsi
que la production des cartons d'une importance moindre que
celle d'Ouzen. La race des cocons y est aussi très-bonne,
robuste, à grain fin, de forme allongée, verte et blanche.

Parmi les provinces septentrionales, celle située au sud
d'Ouzen, *Iwashiro*, est la plus importante pour la soie et
les cartons. A l'ouest et au centre de la province s'élèvent
des montagnes considérables, tandis que l'est est très-
peu montagneux. Cette dernière partie est la plus importante pour les soies et pour les cartons et fournit des qualités excellentes.

2

La ville de *Foukoushima* est le marché principal non -
seulement pour cette province, mais pour toutes celles qui
lui sont voisines. Au centre, dans le plateau de *Wakamatz* et à l'ouest, on élève une race blanche, sortie d'un
croisement d'annuels et de bivoltins, et fournissant un produit de qualité inférieure.

A l'est c'est la province *Iwaki* qui se présente, province
montagneuse au sud-ouest, remplie de petites collines dans
le reste de son territoire. Sous le rapport de la production
séricicole, elle est à peu près à la hauteur d'Ouzen ; mais
la production des cartons y est de beaucoup inférieure.
A partir du marché de soie de *Miharou* jusqu'à *Shirakawa*, on élève pour la plupart des bivoltins blancs, cependant les éducateurs se décident de plus en plus pour l'éducation des annuels.

La dernière province de la zone nord, *Etshingo*, est
située sur la côte ouest du Nipon et se trouve être fort
montagneuse, surtout dans sa partie orientale. La sériciculture y est très-peu importante.

D'après les statistiques les plus exactes, les provinces
de la zone nord fournissent :

20 0/0 de soie.
25 0/0 de graines de vers } de la production entière
à soie.   du Japon.

Cette zone est la plus étendue [1].

---

[1] Toutes les provinces de la zone nord sont souvent dénommées sous le nom collectif
d'*Oshiou*, dont plus loin nous nous servirons quelquefois nous-même.

La *zone centrale* comprend les provinces séricicoles les plus importantes, dont la première en rang est *Sinshiou*, pays très-montagneux. Pour la quantité de la soie produite, elle se range peut-être après la province de Djoshiou, mais en cartons elle fournit 60 0/0 de la production de la zone centrale. — Si nous partageons la province en deux moitiés, nous trouvons au nord une race de cocons verts, au sud, près des villes *Shimonoswa* et *Ida*, une race de cocons blancs. Les deux qualités, surtout la première, sont petites, mais très-saines et robustes. — La fabrication des cartons se concentre principalement dans la partie nord, c'est-à-dire aux environs d'*Ouéda*, ville très-renommée pour la bonté de ses mûriers et de ses graines.

En général, cette province doit être considérée comme la plus avancée dans l'art de cultiver la soie, de même la province de *Djoshiou* qui, ainsi que nous l'avons dit plus haut, est un vrai paradis de sol et de culture. La production des soies, fortement représentée dans les environs de *Takasaki* et de *Maïbash*, est un peu plus importante qu'au Sinshiou par contre, la production des cartons y est bien inférieure. Les cocons, pour la plupart verdâtres et vert blanc, de grosseur moyenne, aussi bien que la qualité des cartons sont tout à fait supérieurs. En soie cette province produit 30 0/0, en cartons 15 0/0 de la production totale de la zone centrale.

À l'est se rattache la province de *Shimozouké*, insignifiante en soie et en cartons. La sériciculture se borne à quelques endroits sur la frontière du Djoshiou et d'Iwaki. Les provinces contiguës de Shimozouké à l'est et au sud, *Hitatshi* et *Shimousa*, sont encore plus insignifiantes en fait de sériciculture.

La province de *Mousashi*, située au sud du Djoshiou, où se trouvent *Yédo* et *Yokohama*, lui est égale pour les conditions du sol, la culture et la production des cartons, tandis que la culture des soies est moins importante, tout en représentant 10-15 0/0 de la production totale de la zone centrale. La sériciculture commence à *Hachodji* et suit l'ouest de la province jusqu'à *Tsitshibou*, elle manque absolument dans les plaines de l'est. La production des graines se concentre au nord-est de la province à *Shima-moura*. La race des cocons verdâtres est bonne et forte, surtout au nord et au nord-est, mais inférieure à *Hachodji*.

Le peu de sériciculture qu'il y a dans la province de *Sagami* se fait au nord de cette province, sur la frontière de Mousashi et du Koshiou.

A l'ouest de Mousashi, nous rencontrons la province de *Koshiou*, très-montagneuse à l'est et au nord, et offrant au sud et à l'est une sériciculture assez importante. Sur la frontière de Mousashi on fabrique aussi des cartons. La race élevée dans cette province est à tout prendre médiocre. La capitale *Kofou* en est le débouché principal. Il est à remarquer que la qualité des cocons est rarement la même pour deux années de suite, ce que l'on cherche à s'expli-quer par les brusques variations météorologiques survenant surtout pendant le mois de mai, qui exercent une influence si décisive sur les mûriers aussi bien que sur les chenilles.

À l'ouest et au nord-est de Sinshiou, sont situées les provinces de *Shida* et d'*Etshiou*, dont la sériciculture n'est pas sans importance. Leurs cocons appartiennent pour la plupart à la race blanche.

La zone centrale fournit en soie 65 0/0, en cartons 70 0/0 de la production entière du Japon.

ZONE AUSTRALE

Quant aux provinces situées dans la *zone australe*, nous pouvons dire en général que les races qui y sont élevées, pour la plupart blanches, sont de nature bonne et saine et qu'il faut l'attribuer presque exclusivement aux imperfections de filature si les qualités produites ne sont pas meilleures. La plus importante de ces provinces est *Goshiou*, qui entoure le grand lac de *Biwa*. La sériciculture s'exerce surtout aux environs du bourg de *Nagahama* et dans cette seule province se fabriquent presque tous les cartons produits dans la zone méridionale. La seconde en rang est *Mino*, avec le marché de *Guifou*, puis *Etshizen*, *Tadjima*, *Tanba*, *Tango* et les provinces peu importantes d'*Owari*, *Harima*, *Ysé*, *Totomi*, *Yamato* et *Yamashiro*, avec l'ancienne résidence impériale *Kioto*.

La zone méridionale fournit 15 0/0 de soie et 5 0/0 de cartons de toute la production du Japon.

PRODUCTION SÉRICICOLE

On voit, par les données ci-dessus, que, dans certaines provinces, on fabrique surtout des cartons, tandis que dans d'autres on abandonne la plupart des cocons à la filature. Il est vrai que ces conditions se sont développées surtout depuis la naissance du commerce des graines ; cependant il y a eu de tout temps des parties cultivant la spécialité des graines qui, chez les Japonais eux-mêmes, jouissaient d'une réputation particulière, et où se sont pourvues d'autres régions du Japon.

Dans le choix des graines, les Japonais attachent une haute importance à ce que celles-ci soient transférées dans des contrées qui, pour les conditions topographiques et météorologiques, se rapprochent le plus possible du pays de leur provenance. Cette maxime nous paraît excellente. Car nous nous demandons si ce n'est pas grâce à cette circonstance que les cartons provenant de Mousashi et de Djoshiou, négligés auparavant par les graineurs, ont fourni des résultats supérieurs dans la Brianza, contrée de l'Italie très-ressemblante aux provinces que nous venons de citer, de sorte que ces cartons sont par là devenus très-recherchés. Les provinces Mousashi et Djoshiou faisaient venir des graines de Sinshiou et surtout du bourg d'Ouéda. Dans les provinces du Midi, on se procurait des graines de la province de Goshiou et d'Harima et, ce qui est étonnant, la pro-

vince de Shimousa pourvoyait jadis de ses graines toutes
les provinces du Nord, comme Iwashiro, Ouzen (Yonésawa), etc. Dans la partie de cette province où la sérienul-
ture était en vogue il y eut, dit la légende, un éboulement
de montagne amené par de fortes pluies, causant de grandes
dévastations, d'immenses débordements, la perte d'un grand
nombre d'habitants et la destruction complète des plantations
de mûriers. Cette catastrophe mit fin au commerce des
graines avec le Nord. Les éleveurs de ces contrées tentèrent
dès lors eux-mêmes la reproduction, ce qui leur réussit
parfaitement, surtout aux districts de *Daté* (Oshiou) et de
Déwa (Oshiou). Ces contrées acquirent peu à peu une réputation distinguée pour les graines bonnes et fortes, de sorte
qu'elles finirent par alimenter d'autres parties du Nipon.

Il est impossible de fournir des données exactes sur la
production totale du Japon en *soie* et en *cartons*, vu que
les statistiques japonaises diffèrent tellement les unes des
autres qu'on est forcé de les considérer comme les jeux de
l'imagination. Les unes, par exemple, portent la production annuelle à 40,000 balles, les autres à 90,000 et même
à 200,000; dans quelques-unes, la zone nord figure avec
45,000 balles, dans d'autres avec 25,000 et 10,000, etc.
L'année passée, le gouvernement a publié quelques renseignements statistiques touchant la soie et les cartons.
Ceux-ci portent la production totale en soie pour les trois
années dernières, en moyenne et par année, à 45,000
balles (à 50 kilog.); en fait de cartons, on indique le chiffre
de 1,800,000 pour l'année 1872.

D'après des recherches multipliées et minutieuses, ainsi que sur des informations demandées à des Japonais dont la position peut donner à leurs appréciations le poids d'une certaine autorité, nous calculons que la fabrique japonaise (tissage) a, depuis le commencement de l'exportation de la soie, diminué de 40 0/0 et que des 15,000 balles exportées, en moyenne, annuellement, il y en a 12,000 qui, par cette réduction, ont été livrées à l'exportation. Les autres 3,000 balles doivent, selon nous, être assignées aux éducations établies depuis la naissance du commerce d'exportation, éducations dont l'augmentation jusqu'à ce jour est évaluée à 25 0/0, ce qui équivaut à 7,500 balles de soie, dont le restant, soit 3,500 balles, échoirait à la fabrique du pays. Ainsi la production totale du Japon, en ajoutant les 21,400 balles restant à l'industrie indigène, serait de 36,500 balles.

Il va sans dire que nous donnons ces chiffres sous toutes réserves, puisqu'ils ne sauraient se démontrer à l'évidence ; car tant qu'on ne connaît pas exactement la quantité de graines consommées à l'intérieur du pays, il est impossible de tirer des conclusions solides. — Cette quantité est très-différemment indiquée par les statistiques japonaises, cependant on tombe d'accord que le gouvernement réserve au pays 1,200,000 cartons, avant de permettre l'exportation des graines. Ce chiffre donnerait, à 22 kilog. de cocons le carton, 26,400,000 kilog. de cocons, dont 15 faisant un kilog. de soie, on aurait 1,700,000 kilog. ou 35,200 balles de soie de 50 kilog., ce qui reviendrait à peu près à notre calcul ci-dessus.

IV

ÉDUCATION DU VER A SOIE AU JAPON

Quant à l'*éducation des vers à soie*, chaque éducateur japonais est pénétré de l'importance qu'offrent même les plus petits détails pour le développement des vers.

Par le sérieux avec lequel tous les membres de la famille s'adonnent à l'éducation des vers, par la communication orale ou imprimée et toujours désintéressée des expériences faites, par les soins du gouvernement donnés à la propagation de la sériciculture, un code d'excellentes maximes s'est répandu par tout le Japon, qui, joint à la diligence et à l'amour minutieux de l'ordre et de la propreté des femmes japonaises, auxquelles est confiée en particulier l'éducation des vers à soie, a pu, sans l'aide de la science, porter à ce haut degré de perfection la sériciculture japonaise. Il est d'autant plus inconcevable, nous dirons même douloureux, d'observer que peu d'années ont suffi pour renverser les anciennes traditions, qui avaient si bien fait leurs preuves, et pour y substituer des usages qui, reposant sur une base purement empirique, auraient infailliblement mené la sériciculture japonaise à sa perte, si l'on n'avait pas fini par y mettre obstacle.

Les procédés dont nous allons parler maintenant sont généralement répandus au Japon ; ils s'observent consciencieusement dans quelques régions ; dans d'autres, au contraire, imparfaitement.

DES MURIERS

Le *mûrier* au Japon est un des « quatre arbres principaux [1]. »

L'arbre le plus répandu est le *mûrier noir* aux feuilles rondes et déchiquetées. Il se décompose de nouveau en plusieurs espèces. Les noms de ces espèces varient selon les différentes contrées, de sorte qu'il est difficile de s'orienter. Ces espèces et leurs dénominations sont :

Lousan ou *Makouwa* (première qualité).

Kingsan ou *Soseokouwa*.

Yamakouwa.

Tawasé.

[1] *L'arbre à papier* (Kami-no-ki). — *L'arbre à laque* (Ouroussi-no-ki). — *L'arbre à thé* (Tsha-no-ki) — Le *mûrier* (Kouwa-no-ki).

Dans la province Mousashi (Shimamoura) on trouve les
espèces :

Coboré.

Shimokougori.

Icibé.

Le premier de ces arbres a les feuilles les plus tendres,
tandis que celles du dernier sont plus rudes et ne se donnent
aux vers qu'à partir de la troisième mue.

Voici maintenant les espèces principales de mûriers
connus au Japon, avec leurs dénominations adoptées au
Sinshiou et au Djoshiou.

Yozoumé a ses feuilles plus tôt que les autres espèces ;
elles sont étroites, de forme irrégulière et très-déchi-
quetées.

Nézoumi gaïshi,
Kikouha,
Oha,
à feuilles régulièrement décou-
pées et ovales.

CULTURE DU MURIER

La culture du mûrier est rare dans le voisinage de la
mer, soit que les Japonais croient cette situation peu avantageuse à la prospérité de ces arbres, soit à cause des conditions du sol. Un terrain un peu sablonneux, mêlé à du
terreau et un peu humide, est regardé comme très-appro-
prié à cette culture ; de même les bords des fleuves, aux
endroits où l'eau peut s'écouler facilement.

Le mûrier au Japon se conserve de préférence à l'état
de buisson (arbre nain), la tête s'élevant à peine un pied
au-dessus du niveau de la terre et les branches atteignant
la hauteur de trois à quatre pieds. On dit que par ce procédé
les feuilles deviennent très-tendres et plus propres à la
santé des vers. Rarement on permet à l'arbre d'atteindre
toute sa crue, cependant on le voit souvent arriver à la
hauteur d'environ cinq pieds. On a soin de diminuer la
densité des branches; aussi on empêche soigneusement
l'établissement des oiseaux et des insectes. Quand les
arbres ont atteint l'âge de quarante ans, on les arrache et
leur en substitue de jeunes.

La propagation des mûriers se fait des trois manières
suivantes. Par la *semence :* on lave soigneusement les
fruits, les mêle à des cendres de bois et les confie ainsi
mêlés à la terre ; par des *plants*, en utilisant dans ce but
les jeunes branches et y procédant comme chez nous. Ces
deux systèmes toutefois sont peu usités ; le plus répandu,
c'est la propagation par *marcottes.* Cela se fait sur la fin
juin, en abaissant les branches d'un arbre-nain et les couvrant en partie de terre pour leur faire prendre racine. Au
bout de dix mois, les plants obtenus ainsi sont transplantés
dans un terrain préparé et engraissé à leur intention, où ils
restent provisoirement une année, pour passer ensuite au
terrain destiné à leur développement définitif. Une année
après cette transplantation, les feuilles commencent à être
utilisées pour l'alimentation des vers. L'engraissement des
arbres se fait à plusieurs reprises par an.

L'entement des arbres n'est employé nulle part, autant
que nous avons pu savoir ; toutefois on en parle dans certains anciens livres japonais.

Pour nourrir les vers, on coupe les branches, de manière que la coupure donne une arête vive et nette ; les
feuilles ne s'arrachent qu'au logis. Les Japonais croient
qu'on nuit à l'arbre en lui arrachant ses feuilles directement,
à cause des écorchures qui en sont la suite. Nous parlerons
plus tard de la distribution des feuilles aux vers.

Tous les éleveurs n'ont pas leurs feuilles à eux. Beaucoup d'entre eux les achètent au marché affecté à ce but.
Les marchands apportent les feuilles le matin au village
et les offrent le long de la rue principale, à l'ombre
des maisons. Les prix en varient beaucoup selon la qualité
et l'état des arbres ; quelquefois de trois à quatre bous,
d'autres années ils sont à douze, seize et même à plus de
bous par charge de cheval de 200 catties. (Le bou équivaut
à 1 fr. 40 à peu près ; le catty à 1 livre 1/3 d'Angleterre.)

Des plantations de mûriers proprement dites ne se trouvent qu'aux environs de Yonésawa et de Ouéda ; ailleurs
on les trouve en groupes plus ou moins grands le long des
collines et des ruisseaux, de sorte qu'ils ont tout à fait l'air
d'une culture secondaire.

La culture des mûriers n'a pas fait autant de progrès
qu'on serait en droit de l'attendre. On calcule qu'à partir
de 1859 il y a eu une augmentation de 25 0/0. Nous nous
sommes persuadé par une inspection personnelle qu'à l'in-

térieur du pays, surtout au nord, de grandes étendues, qui
seraient propres à la culture du mûrier, restent encore
incultes; il est vrai que ces contrées ne sont pas peuplées.
Cette même observation a été faite par d'autres Européens
qui ont eu l'occasion de parcourir l'intérieur [1].

SYSTÈMES D'ÉDUCATION

Passons maintenant aux *systèmes d'éducation* du Nipon.
D'après ce que nous avons dit plus haut, il sera facile
de conclure qu'ils doivent être très-variés. Toujours est-il
que les genres principaux que nous allons citer sont repré-
sentés dans les districts séricicoles les plus importants.

MAGNANERIES

Il n'y a de grandes magnaneries au Japon que dans la
province de Mousashi, à Shimamoura, et dans celle de
Sinshiou, à Ouéda, mais en petit nombre et établies seulement depuis la mise en vogue du commerce des graines.
A part celles-là, la sériciculture est une industrie casanière
dans tout le Japon.

---

[1] La population du Japon se concentre le long des côtes et des grandes routes, tandis qu'à peu de distance des unes et des autres, les maisons manquent souvent à plus
d'une lieue à la ronde. Le voyageur qui parcourt les environs de Yédo, ou les routes
principales, jugera donc la population très-nombreuse, et c'est sans doute à cette circonstance qu'il faut attribuer les chiffres exagérés de la population japonaise, que les
uns portent à trente et les autres même à trente-cinq millions.

Voici maintenant les principes qui président à la *construction d'une magnanerie japonaise.*

On a tout d'abord soin de la faire haute et spacieuse ;
la circulation de l'air est assurée par un nombre suffisant
de croisées et d'ouvertures ; le devant de la maison doit
donner sur l'est, l'entrée doit être au nord, afin que l'on
puisse l'ouvrir pendant le jour sans donner accès aux
rayons du soleil, puisque les vers préfèrent l'obscurité.
Toutes les ouvertures doivent pouvoir se clore, ce qui
devient nécessaire surtout pendant le passage des nuages.
Une stricte vigilance exercée sous ce rapport permet de
maintenir presque invariable la température à l'intérieur
du bâtiment. Par les pluies fréquentes, dans certaines contrées, un petit feu de braise se nourrit constamment au
milieu de la salle ; quelques éducateurs cependant jugent
ce feu nuisible aux vers et le maintiennent pour cette
raison dans les localités voisines, de sorte que la chaleur
puisse entrer par les portes. Presque dans chaque maison
où l'on élève des vers, on trouve un thermomètre qui
se tient entre 8-17 Réaumur. Chaque paysan, à l'époque
de l'éducation, arrange l'étage supérieur de sa maison pour
cette industrie ; dans le cas où il ne peut disposer que d'un
rez-de-chaussée, il se réduit de manière à abandonner aux
vers la meilleure partie de sa demeure. Souvent, le dernier
coin se trouve utilisé, si bien que l'étroitesse et l'entassement produisent un manque d'air fort désavantageux au
bien-être des vers.

CONSTRUCTION DES TABLETTES

La construction des *tablettes* et la préparation des *gîtes* présentent de grandes variations dont voici les principales.

Que l'on se figure deux larges échelles, plantées vis-à-vis l'une de l'autre, dont les échelons supportent des tiges en canne de bambou transversales, soutenant à leur tour des nattes de bambou, le gîte destiné aux vers. Pour coucher ces derniers, on se sert aussi d'un cadre en bois d'environ deux pieds de long et d'un pied de large, offrant un fond de petites baguettes également en canne de bambou, espacées d'un à deux pouces, sur lequel on étend une mince natte de paille qui sera le gîte des vers. Dans le nord du Japon, les tablettes sont construites solidement et les étages en planches, horizontalement superposés, laissant entre eux un pied environ de distance. On y transporte les vers dans de grands paniers ronds de deux pieds de diamètre, dont le rebord n'a qu'un pouce de hauteur. On se sert ailleurs de ces paniers surtout pour les jeunes vers.

On trouve aussi des tablettes suspendues, elles sont en canne de bambou et le tout est suspendu au plafond moyennant un cordage.

Une autre espèce se compose de tablettes à poulies, ce qui permet de les changer de place facilement, soit dans la salle même, soit dans l'étage entier.

MÉTHODES DE BOISAGE

Les *méthodes de boisage* sont également fort variées au Japon. On se sert, dans les régions situées au midi du lac de Biwa, de faisceaux de branches mortes ou de paille sèche, placés horizontalement sur les claies. Dans le Goshiou, ces petits fagots s'ouvrent par un bout et se placent verticalement, le bout élargi en haut, tandis que dans l'Oshiou, ces faisceaux se placent à l'envers. Dans cette même province, on se sert aussi des nattes de paille qui ont servi de gîte aux vers, en les retroussant un peu, de manière à former un rebord de deux pouces d'élévation. Sur ces nattes, on place alors de petites baguettes en bambou recourbées et convergentes, de manière à former de petits monticules coniques, sur lesquels les vers se mettent à filer. A défaut de cannes, on se sert quelquefois de paille sèche. Dans les provinces centrales, on emploie de préférence les nattes de paille, en retroussant les bords, comme en Oshiou. Sur ces nattes, on assujettit une file de baguettes en les appuyant contre le rebord de la natte, et, sur la voûte ainsi formée, on pose une couche de paille de riz sèche.

ÉCLOSION DES VERS A SOIE — TRAITEMENT — NOURRITURE

L'*éclosion des vers* varie selon la position géographique
et la température, elle se fait de la mi-avril au commencement de mai, et le temps nécessaire jusqu'à la formation du
cocon, de race annuelle, occupe trente-deux jours environ.

Sur le développement du ver à soie, nous avons pu
recueillir les observations suivantes.

Dans notre voyage de 1872, nous trouvâmes, le 27 mai,
à Akita, les vers au milieu de la seconde mue ; le 31 mai,
deux journées plus loin vers le sud, ils étaient éclos depuis
quatre jours seulement. Sur le versant oriental de la chaîne
centrale, dans la province de Rikousen, ils en étaient, le
4 juin, à la première mue, et une journée plus loin vers le
midi, avant Sendaï, à la troisième. Le 9 juin, à Sendaï
même, les vers grimpaient en partie déjà sur le boisage,
en partie ils en étaient encore à la quatrième mue. Sur la côte
occidentale, à Yamangata, les vers en étaient, le 11 juin,
à la seconde mue, et de là sur la route de Yonésawa, tantôt
à la première, à la seconde ou à la troisième. Aux environs
de Yonésawa, ils se trouvaient, le 14 juin, à la quatrième
mue : à la même, le 19 juin, dans la vallée de Wakamatz.
Retournant à la côte orientale, nous les trouvâmes, le
23 juin, à Foukoushima, déjà sur la fin de leurs cocons,
et en partie déjà éclos : à deux journées au midi de Foukou-

shima, nous trouvâmes, le 26 juin, les vers montant aux
buissons. Dans les parties basses des provinces de Mousashi, de Djoshiou et de Sinshiou, la filature et la fabrication des graines se trouvent, sur la fin de juin, en plein
mouvement.

M. F. O. Adams, secrétaire de l'ambassade d'Angleterre
au Japon, trouva, dans un voyage fait il y a deux ans, à
l'est de la province Mousashi, les vers, au 9 juin, se ré-
veillant de leur troisième sommeil, les bivoltins commen-
çant à se transformer en chrysalide le 23 ; dans le district
de Hachodji, les cocons étaient finis au 25 juin, et le
11 juillet, à Maïbash, on avait déjà expédié 300 balles de
soie nouvelle pour Yokohama.

Dès qu'on juge le temps propice pour *mettre à éclore
les œufs*, on sort les cartons de leur enveloppe de papier
et on les suspend en plein air et à l'ombre. Au moment
où les premiers vers viennent à éclore, on les détache des
cartons, soit au moyen d'une plume à barbe, soit en frappant doucement sur le revers du carton avec une petite
baguette, jusqu'à ce que les vers tombent sur une plaque
couverte de feuilles de mûrier tendres et finement hachées.
Cette opération se fait deux fois par jour, et dans l'intervalle, le carton se place dans une température un peu
élevée, mais naturelle.

Dans la première semaine de l'éducation, on entretient
au besoin, dans la magnanerie, une température comparativement chaude. Les feuilles de mûrier affectées *à la nourriture des vers* sont lavées soigneusement sur la branche

même, puis séchées à fond[1]. La première nourriture se
donne avec un soin minutieux. Après avoir trié et un peu
broyé les plus tendres feuilles des petites branches, on les
agite et passe au tamis, pour écarter toute poussière et
tout immondice. Si, à l'époque de l'éclosion, il n'y a pas
encore de feuilles, on a recours au fruit du mûrier ; toujours
est-il que ce genre de nourriture n'est considéré que comme
un pis-aller, parce qu'il ne convient guère à la santé du
ver. Dans les premiers jours, la nourriture se donne deux
ou trois fois si elle se compose de fruits *(médo)*, et de quatre
à cinq fois si elle se compose de feuilles ; plus tard, sept,
huit et plus de fois par jour. Pendant la première, mais
surtout pendant la quatrième mue, on donne une nourriture
très-abondante. Les feuilles se hachent toujours au cou-
teau, tantôt menu, tantôt gros, selon les âges, se secouent
et se tamisent ensuite. Passé la quatrième mue, elles se
donnent souvent aux vers avec les branches. En général,
les Japonais attachent un grand prix à une couche de
feuilles régulière ainsi qu'à une distribution espacée des
vers. Par une première couche de cosses de riz, les feuilles
sont préservées de l'humidité ; la propreté et la fraîcheur
sont maintenues en renouvelant fréquemment le gîte, ce
qui devrait se faire tous les jours jusqu'à la troisième mue.
Telle est la théorie. Beaucoup d'éleveurs, cependant,
ne changent les couches de feuilles qu'à l'entrée d'une
mue nouvelle, ce qui est très-préjudiciable aux vers en

---

[1] Les feuilles croissant au voisinage de l'arbre à laque, du noyer et des sapins,
sont peu recherchées.

conséquence de l'entassement de feuilles gâtées et des-
séchées.

Dans certaines contrées, le service de ces créatures
délicates n'est pas fait avec la ponctualité et la sollicitude
habituelles chez les habitants du Japon. Ainsi, par exemple,
il n'est pas rare de trouver sur le même gîte des vers provenant de différentes mues à côté de ceux qui se trouvent
dans le sommeil de transition, chose certainement très-con-
traire aux exigences variées des âges successifs. De plus,
en renouvelant le gîte, on ne procède pas toujours avec le
soin nécessaire.

Dès que les indices du premier sommeil *(temps du lion)*
se font remarquer, il faut songer sans retard à changer la
couche. En faisant cela, on a soin de mettre au milieu les
vers qui se sont trouvés au bord, et de placer par contre au
bord ceux qui avaient occupé le centre, parce que, la température de ces places étant, au dire des Japonais, différente,
il en résultera pour les vers un développement plus égal.
Quand les vers sont encore petits, on les transporte d'une
couche à l'autre en maniant délicatement deux petites baguettes. Plus tard, le transfert s'accomplit en jetant un
réseau rempli de feuilles fraîches par dessus les vers qui,
dès lors, attirés par la nourriture fraîche, montent à travers
les mailles. Tous les vers y étant arrivés, on n'a plus qu'à
ôter le réseau pour pouvoir procéder au nettoyage de l'ancien gîte. Cette méthode sert en même temps à obtenir sur
un seul et même gîte des vers de même taille et de même
force, auxquels on peut, en conséquence, donner une même

nourriture. Les traînards ou les plus avancés, qui dorment, restent sur l'ancien gîte et seront soignés séparément. Enfin, le triage des vers sains et malades est facilité ainsi en même temps, attendu qu'il ne faut plus les prendre un à un et à la main, ce que l'on craint fort de faire au Japon.

Quand les buissons sont garnis de vers, on les place dans quelque lieu élevé, où ils sont laissés jusqu'à la formation des cocons. Dès que ceux-ci sont arrivés à maturité, ils sont séchés à l'air.

ÉTOUFFAGE DES COCONS – GRAINAGE

L'étouffage des chrysalides des cocons destinés à être filés se fait en exposant les galettes à la chaleur du soleil. Les dangers provenant de ce procédé sont évidents; en outre, les cocons perdent en bonté aussi bien qu'en couleur. Par un temps sombre prolongé, cette opération se fait pour de petites quantités en tenant les cocons dans une poêle au-dessus d'un feu de braise. Pour des quantités plus considérables, on se sert d'un appareil en bois, dans lequel sont superposées, sur des planches percées de trous, des couches de cocons; au bas de cet appareil. on entretient un feu de braise.

Pendant que l'on sèche les cocons à l'air, les plus beaux se choisissent pour la *production des graines*. On les étend sur des nattes de bambou et on les recouvre de feuilles de papier percées de trous, par lesquels les papillons éclos au lever du soleil, cherchant lumière et chaleur, passent à la surface et, après avoir été triés, en ôtant les laids et les difformes et ne gardant que les beaux pour la confection des graines, ils s'accouplent. On laisse les couples dans un lieu obscur, pendant cinq à six heures, pour les séparer ensuite.

Les papillons mâles ne s'emploient ordinairement qu'une seule fois ; mais, quand ils sont en minorité, très-souvent deux fois. Les femelles se mettent sur des cartons vides, où on les laisse pondre jusqu'au lendemain pour les transférer alors sur d'autres cartons, où elles achèvent la ponte. Ces dernières graines sont considérées comme d'une qualité inférieure.

Les graines se déposent sur des cartons longs d'environ trente-cinq centimètres, larges de vingt-deux centimètres et couverts en moyenne de vingt-cinq grammes de graine. Dans le commerce, on les connaît sous la dénomination de *cartons;* le prix se règle par pièce. On les confectionne avec l'écorce de l'arbre *kazou (Morus papyrifera),* qui se trouve surtout au Sinshiou, du reste aussi au Koshiou et en Oshiou. Voilà pourquoi les cartons destinés aux œufs se fabriquent principalement dans ces mêmes provinces. Leur fabrication se faisait encore l'année passée exclusivement dans des établissements autorisés par le gouvernement, et maintenant par le gouvernement lui-même.

En Oshiou et au Sinshiou, une douzaine de cartons vides

se posent côte à côte sur la terre, de manière à ne former qu'une seule surface enfermée par un cadre en bois. Les femelles peuvent se promener et pondre librement sur cette surface ; de là vient que les cartons japonais sont si bien remplis de graines jusqu'aux bords. Si, du reste, sur cette surface, il se présente quelque part un vide, on y fixe une femelle moyennant une épingle passée dans l'aile, ce qui la force à pondre dans ce vide. On dit qu'une femelle pond environ deux cent cinquante œufs sur les premiers cartons. Il arrive cependant aussi que les vides se masquent artificiellement en y collant des graines ou toute autre chose qui leur ressemble ; que les mâles et les femelles s'exploitent jusqu'à l'épuisement et qu'on emploie, pour avoir des graines, tous les cocons dont on dispose ; car, depuis la naissance du commerce des graines, des considérations matérielles poussent à négliger la qualité pour la quantité.

Dès qu'une race laisse apercevoir des signes d'épuisement, elle est aussitôt croisée. Un ancien livre japonais conseille aux éleveurs de ne laisser pondre les femelles que pendant deux heures et de n'utiliser les mâles qu'une seule fois. Il ajoute qu'il faut faire deux classes de papillons : l'une, à couleur claire semblable au riz cuit, s'emploiera pour la reproduction ; la seconde, à couleur de froment, ne sera bonne à rien. Les graines des cocons doubles, dit la même autorité, resteront aussi sans emploi ; celui qui se sert d'une pareille semence fait une chose très-nuisible à la sériciculture, la reproduction de la race ainsi produite dégénérant d'année en année. Cependant il est prouvé que précisément dans les années de fortes exportations, comme en 1865 et en 1868, une masse de cocons doubles furent employés dans la fabrication des graines.

Les Japonais conservent leurs cartons dans des étuis de papier suspendus dans un lieu sec et bien aéré. Toute odeur doit être évitée dans cette localité ; de même l'air de la mer est considéré comme nuisible aussi bien que les rayons du soleil. Au commencement de février les cartons sont trempés dans l'eau froide ; on les place dans l'eau le soir, on les y laisse toute la nuit et on ne les retire que le lendemain à midi. On croit écarter par là la poussière, tuer la semence faible et obtenir ainsi une bonne race. La vente des cartons se fait à l'intérieur du pays par des colporteurs ambulants, qui perçoivent d'emblée la première moitié du montant; la seconde à la fin de l'éducation.

Les graines d'Oshiou sont les plus estimées au Japon. Celles de Sinshiou (Ouéda) ne figurent qu'au second rang. Les premières sont considérées comme plus productives et donnant des vers qui mangent peu. Les Japonais attachent par expérience peu de prix à la reproduction des races favorites d'autres provinces ; ils préfèrent faire venir chaque année les graines nouvelles des pays originaux.

V

MALADIES DU VER A SOIE

— — —

Les *maladies des vers* ont été, de tout temps, peu étudiées au Japon ; elles n'étaient pas, il paraît, jugées assez importantes pour en sonder les causes et la nature ; on se contentait d'attribuer la mortalité des vers aux influences météorologiques. Celles-ci, en effet, sont au Japon sujettes à de grandes variations, précisément aux moments critiques de l'éducation ; elles exercent par là sur les vers une influence décisive. On connaît les maladies suivantes :

Angarou kaïko. La tête du ver se gonfle, devient rouge et le ver meurt.

Tshidshimi kaïko. C'est le nom d'une maladie qui consume lentement le ver, jusqu'à ce qu'il meure.

Foushi kaïko se présente par un temps chaud ou par un vent fort de sud-est après la quatrième mue. Les jointures se gonflent, le ver se noircit et se calcine.

Hoshii. Le ver blanchit à la quatrième mue et se meurt *(muscardine)*.

Hamoushi s'appelle une petite mouche qui se présente surtout au printemps, par un temps chaud, et tue le ver par sa piqûre.

Kané-ni-narou (se métamorphoser en métal). Deux ou trois jours après son éclosion, le ver se noircit et meurt.

Yassou-mazou. Le premier ou le second sommeil ne se présente pas; le ver se rétrécit et finit par mourir.

Dans ces dernières années, une maladie appelée *Koshari* a fait de grands ravages. Elle attaque le ver arrivé à toute sa crue, qui meurt subitement. Cette maladie, inconnue jusqu'alors au Japon, fut regardée comme contagieuse, et les outils qui avaient servi à l'éducation des victimes furent détruits en conséquence. M. E. Duseigneur y reconnaît la *pébrine*, la terrible maladie qui a détruit les races européennes.

Mais la plus importante de toutes les maladies, c'est l'*Oudshi;* capable de produire d'affreux ravages et dangereux surtout à la fabrication des graines. C'est un petit insecte qui tue le ver dans les cocons, perce ces derniers pour se frayer un passage et les rend ainsi impropres à la fabrication des graines aussi bien qu'à la filature.

L'éducateur ne peut sauver les cocons destinés à la filature qu'en les étouffant le plus vite possible. On reconnaît l'existence de l'oudshi sur le ver par une ou plusieurs taches noires dans sa peau. Les Japonais croient inefficaces tous les remèdes pour détruire l'oudshi et l'attribuent à un poison qui serait contenu à un degré plus ou moins intense dans les feuilles de mûrier. De là vient que dans certaines contrées les espèces de mûrier destinées à la nourriture des vers reproducteurs ne sont pas les mêmes que celles qui alimentent les vers dont les cocons sont destinés à être filés.

Comme la maladie dont nous parlons est inconnue en Europe, les détails suivants ne seront pas dépourvus d'intérêt.

M. F. O. Adams, ancien secrétaire de la légation anglaise au Japon, qui, par de précieuses études sur la sériciculture ainsi que par la publication d'expériences recueillies dans plusieurs voyages aux régions centrales, a rendu les plus éminents services à tous les amis de la sériciculture japonaise, s'exprime ainsi à l'endroit de l'oudshi :

Les Japonais prétendent que l'oudshi meurt quelques jours après avoir quitté la chrysalide; cependant cette manière de voir est tout à fait erronée. Voici les symptômes de la présence de l'oudshi, ainsi que ses métamorphoses successives.

Une tache sombre, paraissant entre la troisième et la quatrième mue sur la surface du ver à soie, annonce la présence de l'oudshi; cependant je ne suis pas encore en mesure d'affirmer qu'elle se trahit toujours par cette tache. Celle-ci se présente également sur la chrysalide. L'oudshi, en sortant de cette dernière, est un ver jaune pâle, se rétrécit au bout de trois ou quatre jours et reçoit une teinte noirâtre. Son enveloppe desséchée une fois jetée, nous avons une mouche. — Reste à savoir quand cette mouche se débarrasse de son enveloppe. Cela a probablement lieu au printemps. On a remarqué en effet que l'oudshi n'attaque presque pas les bivoltins de la seconde récolte.

Ce fait prouverait que la mouche, qui n'est qu'une métamorphose de l'oudshi, éclot pendant le premier âge des vers, et que, son existence étant de courte durée comme celle de tous les insectes de ce genre, elle meurt avant la seconde éducation des bivoltins. L'existence des oudshis dans les chenilles de seconde éducation prouverait donc seulement que celle-ci était extraordinairement précoce, ou bien que l'éclosion de la mouche s'est faite très-tard.

Quant à la manière dont ce parasite s'introduit dans le corps de la chenille, l'opinion la plus répandue est que la mouche, en piquant le ver encore jeune, dépose un ou plusieurs œufs sous sa peau (il arrive en effet que l'on trouve dans la même chrysalide plusieurs oudshis), et que plus tard il se forme une couche de matière grasse à l'entour de l'œuf. L'oudshi, qui a quitté son œuf, s'en nourrit, et croissant de plus en plus, il pénètre peu à peu jusqu'aux entrailles du ver à soie.

Les Japonais commettent sans le savoir une grande faute, en se bornant à jeter loin l'oudshi, dans la croyance qu'il est mort ou qu'il n'a plus que quelques jours à vivre. Si au contraire ils employaient la précaution de le détruire aussitôt qu'il s'échappe du cocon, la conséquence naturelle, il me semble, serait que le nombre des mouches qui, d'après la théorie établie ci-dessus, naîtraient au printemps suivant, diminuerait considérablement et que par là le progrès du mal serait arrêté peu à peu. On pourrait faire usage d'une autre précaution encore. L'éducateur devrait, avant que les vers ne montent sur les buissons, mettre à part les vers à tache noire et étouffer les cocons résultant de ces vers. L'oudshi serait détruit par là et ces cocons ne seraient pas perdus pour la filature. De cette façon, le mal serait selon moi arrêté provisoirement et extirpé peu à peu définitivement.

Voici ce que dit M. Duseigneur-Kléber, dans sa *Monographie du cocon*, à la page 248.

Depuis deux ans, l'oudji, ayant enlevé parfois 80 0/0 des cocons destinées au grainage en certaines localités, a été mieux étudié. Les Japonais étaient d'autant plus désarmés, qu'ils attribuaient sa présence à la nature de la feuille et ignoraient son mode de reproduction.

La matière grasse, si abondante dans le corps des chrysalides, n'est pour elle qu'une réserve alimentaire, destinée à les nourrir durant le sommeil qui précède la dernière transformation. Pour un parasite, c'est un abondant ratelier de hasard.

Or, la mouche de l'oudji, qui est un parasite dépourvu de tarrière, se contente de déposer ses œufs sur le ver à soie, laissant à sa postérité le soin de se frayer un passage dans l'intérieure. La larve du jeune oudji vivradonc au dépens de la chenille et de la chrysalide ; on peut l'apper-cevoir sous forme de tache noirâtre au-dessous des ailes de celle-ci. L'heure venue, elle perce le cocon après avoir dévoré son contenu, en sort, noircit, au contact de l'air diminue de volume, et finit, à une époque encore indéterminée, par se transformer en insecte ailé.

La seconde récolte de bilvotins (natsugô) étant épargnée par l'oudji, certaines personnes croient que la transformation n'a lieu qu'au printemps suivant.

L'oudshi apparaît dans certaines contrées et certaines années en proportions colossales; on en voit souvent jusqu'à 90 0/0, d'autres fois 20 0/0 seulement; au Sinshiou, la moyenne est souvent de 40, au Mousashi et au Djoshiou de 50 0/0; cependant la perte qui en résulte n'est pas au même degré sensible à l'éleveur qui sait s'en garantir jusqu'à un certain degré. Le moyen le plus simple, pour porter remède au mal, nous semblerait être, de choisir les vers lorsqu'ils montent au boisage, et de ne destiner au grainage que ceux exempts de taches noires; cependant nous nous sommes convaincus que les Japonais ne font point usage de cette méthode et l'extrait que nous venons de donner du Rapport de M. Adams confirme notre assertion. Une des méthodes les plus répandues au Japon pour remédier au mal est la suivante : Les cocons choisis pour la reproduction sont examinés pièce par pièce, en les introduisant cha-cun dans l'oreille et en les frappant ensuite du doigt. La chrysalide se meut-elle, c'est signe qu'elle est vi-

vante et propre à faire des graines. Si au contraire elle
ne se meut pas, c'est que l'oudshi ou quelque autre cause
l'a détruite, ce cocon sera donc filé. Faisons remarquer ici
que les cocons ainsi choisis pour la reproduction se payent
de 30 à 40 0/0 plus cher que ceux affectés à la filature.

C'est après avoir servi à la confection des graines qu'on
mélange aux cocons percés les cocons piqués par l'oudshi
et par la harte dans une proportion moyenne de 40 à
50 0/0. La forte proportion des cocons piqués par l'oudshi
s'explique pour nous de la manière suivante. Les Japonais
attendent le plus longtemps possible pour détruire les chrysalides des cocons destinés à être filés, parce que ceux-ci
se laissent filer plus facilement et plus rapidement avant
cette opération. Dans l'intervalle, quelques oudshis viennent
à percer, ce qui est à peine sensible dans la grande masse ;
mais si ensuite on mêle ces cocons piqués aux cocons percés,
dans le nombre réduit de ces derniers, ils formeront une
proportion considérable.

LE COMMERCE

AU JAPON

— SOIES ET GRAINES —

4

I

LES SIÉGES DU COMMERCE ET L'ACHAT DES SOIES

IMPORTANCE COMPARATIVE DES PORTS OUVERTS

Le commerce des soies et des graines se concentre à
Yokohama. Malgré la situation plus avantageuse d'Osaka-
Hiogo pour l'exportation des soies provenant de la zone
méridionale, la plus grande partie de l'exportation insignifiante de ses produits se fait de Yokohama. A l'époque de
l'ouverture d'Osaka-Hiogo, on avait espéré que cette place
aurait de l'importance aussi pour l'exportation des soies
des districts du sud ; mais tant que celles-ci seront peu
estimées en Europe à cause de leurs qualités très-infé-
rieures, Osaka-Hiogo ne pourra prospérer comme marché
de soies. Espérons cependant que les efforts tentés par les
Japonais pour améliorer la qualité de leurs produits soyeux

s'étendront jusqu'au Midi, d'autant plus que plusieurs de ces soies sont de très-bonne nature; dans ce cas, Osaka-Hiogo ne serait pas sans avenir comme marché de soies.

Le Midi, ainsi que nous l'avons dit plus haut, ne se mêle pas de la fabrication des cartons; la seule province de Goshiou fait exception, mais ses cartons sont peu appréciés par les acheteurs européens, et ce port, par conséquent, reste sans importance aussi pour le commerce des graines.

Les ports de Nagasaki et d'Hakodaté sont par leur situation entièrement exclus du commerce des soies, et Nigata, sur la côte ouest, s'achemine vers sa ruine; de sorte que depuis plus de deux ans il n'y vient plus de vapeurs européens et que les communications avec ce port doivent se faire par terre. Nous avons donc, quant à l'exportation des soies et des graines, à nous occuper exclusivement de Yokohama.

Un regard jeté sur la carte nous fera comprendre aussitôt la situation extrèmement favorable de cette place. Entourée des provinces importantes du centre, dans le voisinage immédiat de Yédo, avec un bon port et un noyau de maisons établies depuis des années, Yokohama ne doit redouter la concurrence d'aucun port futur, et pourrait, lors même que les choses tourneraient à son désavantage, maintenir encore longtemps la supériorité de sa position. En parlant du commerce d'exportation de Yokohama, nous ne pouvons passer sous silence Yédo, place si étroitement liée à Yokohama.

Yédo, appelé aussi Tokio [1], est le régulateur du commerce japonais, l'entrepôt de Yokohama, qui tantôt ouvre sa corne d'abondance pour nous prodiguer ses trésors, tantôt la ferme pour nous laisser dans une pénurie comparative ou absolue. La phrase bien connue : « *Mo ito nakou narimashta :* — Il n'y a plus de soie, » a mis au désespoir plus d'un acheteur qui, par suite d'une bonne nouvelle arrivée d'Europe, s'était précipité sur le marché, quitte à s'en retourner les mains vides, sachant très-bien toutefois qu'à Yédo des centaines de balles n'attendaient que le moment de la hausse à Yokohama pour être jetées sur le marché.

Yédo est le cœur non-seulement du commerce japonais, mais aussi de toute la vie publique au Japon. Résidence de l'empereur, des ambassadeurs étrangers et siége du gouvernement, Yédo, avec ses nombreux temples appartenant aux diverses religions du pays, avec ses édifices publics, ses écoles supérieures, ses établissements militaires et maritimes, ses chemins de fer et ses télégraphes, ses industries importantes, Yédo est le centre du monde financier et commerçant, le foyer de la vie intellectuelle et mercantile du Japon. Cette ville marche vers un brillant avenir. Pour être bien véritablement un Londres japonais, il ne lui manque que le port.

A fort peu d'exceptions près, toutes les soies arrivant à Yokohama ont passé par Yédo ; c'est à Yédo que se trouvent

---

[1] On dit que Yédo a eu autrefois 1,500.000 habitants. a présent il n'en compte que 657,000.

amassées les provisions, c'est de là qu'elles sont expédiées.
De cette place à Yokohama, il n'y a guère que dix-huit
milles anglais. Les marchandises s'expédient le plus souvent par eau dans les barques voilières du pays. Le chemin
de fer qui relie les deux places n'a été ouvert que l'année
dernière et ne transporte jusqu'à présent que des voyageurs. Mais cette ligne sera un jour la grande veine du
mouvement des marchandises, car Yédo n'est pas moins la
maîtresse des exportations que des importations. Chaque
balle de marchandises qui se vend à Yokohama passe à
Yédo, pour de là être envoyée à sa destination, de sorte
que le rendement de ce petit trajet prendra peu à peu les
plus brillantes proportions.

MANIPULATION ET ACHAT DES SOIES

L'expédition des soies de l'intérieur se fait à dos de
cheval, quatre balles japonaises, de soixante-quinze livres
anglaises chacune, formant la charge d'une bête. De
l'Oshiou central à Yédo, une charge de soie du poids indiqué revient à huit dollars ; arrivant des localités plus rapprochées, comme par exemple Maïbash et ses environs, à
deux dollars et demi ou trois dollars, ce qui fait dans le premier cas un peu plus de trois dollars par picoul. Dans le
second un dollar par picoul[1]. Dans la province de Djoshiou,

---

[1] C'est la taxe des expéditeurs qui ont organisé un système d'expédition en grand.
Sans cela les frais de transport seraient beaucoup plus considérables, parce qu'il y
aurait à fournir à l'entretien des bêtes et des hommes. Le picoul est égal à 60,47
kilogr.

il y a certains endroits d'où l'on peut expédier la soie par
eau jusqu'à Yédo. — Cette manière d'expédition primitive
est exposée à toutes les chances du mauvais temps. Il n'arrive pas rarement que les caravanes sont surprises par une
pluie qui fait souffrir les marchandises mal abritées, et que
celles-ci doivent attendre plusieurs jours le retour du beau
temps pour pouvoir continuer leur voyage.

Les soies se vendent dans l'intérieur ordinairement aux
enchères, et chaque village un peu important possède un
local affecté à cet usage. C'est là que se réunissent les
filateurs avec leurs produits ; quelques-uns n'apportent que
deux ou trois paquets de deux à trois livres, d'autres une
quantité plus considérable ; cependant, comme nous l'avons
déjà fait remarquer, il n'y a point de grands filateurs au
Japon. La marchandise de chacun est mise à l'enchère
séparément [1], et le marchand indigène, après avoir ainsi
péniblement ramassé quelques paquets, se rend dans un
autre village et continue ce commerce jusqu'à ce qu'il ait
réuni une quantité suffisante qu'il apporte alors à Yokohama, pour la consigner au commissionnaire japonais qui
se charge de la vente. Chez ce dernier se réunissent les
détenteurs de tous les coins du Japon ; ils restent ordinairement à Yokohama, jusqu'à ce que leurs parties soient
vendues, pour repartir ensuite et renouveler leurs opérations. Souvent le commissionnaire mêle plusieurs parties,

---

[1] Le rio, à peu près un dollar = 5 fr. 60 cent., est, au Djoshiou, l'unité qui
constitue la base des ventes ; tel nombre de momés (100 momés = 1 1/3 livre anglaise)
se donnent pour un rio.

d'intelligence avec les détenteurs. La collection d'échantillons ainsi réunie sera représentée par *une seule et même balle* que l'acheteur européen soumet à son inspection dans la maison du marchand indigène, et sur l'apparence de laquelle il fixe ensuite le prix de toute la partie, sachant d'avance que quand celle-ci sera déballée dans son magasin, elle sera loin de répondre à l'échantillon et qu'il sera probablement contraint de refuser une partie de la marchandise et de fixer pour le reste à grande peine le prix correspondant à sa qualité.

Les funestes conséquences d'un pareil système sont évidentes, et il n'y a que la personne condamnée à jouer un rôle actif dans ces sortes d'opérations qui puisse se faire une idée de ses difficultés et de ses inconvénients.

La saison des soies commence à Yokohama en juillet et dure toute l'année. Les expéditions les plus considérables se font de septembre à janvier. Les premières soies qui paraissent au marché viennent des provinces voisines de Djoshiou (Maïbash) et de Mousashi (Hachodji); plus tard viennent les soies du Sinshiou et en dernier lieu les Oshiou. L'époque des arrivages se règle soit par l'éloignement plus ou moins considérable des pays de provenance de Yokohama, soit par les conditions géographiques de ceux-ci et leur influence sur le développement des vers à soie.

MONOGRAPHIE DES SOIES DU JAPON

LES SOIES DES TROIS ZONES

Les *espèces de soies* connues dans le commerce peuvent se classer de la manière suivante. (Par rapport aux zones nord et centrale, nous renvoyons aux détails que nous avons donnés plus haut en parlant des régions séricicoles. Il va, du reste, sans dire que notre description des principales espèces de la soie japonaise ne saurait dépasser les termes les plus généraux).

Quant au *pliage des soies* nous nous référons à la planche A, qui représente tous les pliages des soies du Japon.

La *zone nord* comprend les espèces connues sous le nom d'*Oshiou*. Elles sont pliées en paquets, le plus souvent soigneusement enveloppées de papier. Ce dernier porte, avec le nom du marchand indigène, toutes sortes de réclames du genre de celles-ci : *Hakou-ko* (splendeurs blanches), *Tobi-kiri* (premier choix), éloges qui naturellement ne méritent aucune attention. Les soies Oshiou s'expédient le plus souvent sans ces enveloppes. Avec elles la remise de tare est de 4 0/0, sans elles de 2 0/0. Ces soies se subdivisent comme suit.

Les soies *Oshiou-Nambou* [1] proviennent de la province appelée autrefois Nambou, sur la côte nord-est du Nipon ; soie très-lourde qui n'est pas recherchée en Europe. Cette lourdeur vient de l'addition métallique des rivières du pays. Elle fait beaucoup de rebut dans le décreusage et prend mal la teinture.

Les *Oshiou-Akita* [2] figurent rarement sous ce nom sur le marché, parce qu'elles se mêlent aux Hamaski ; marchandise peu nerveuse, mais de bonne couleur.

Les *Oshiou-Hamaski* [3] ont joué il y a deux ans un

[1] Nambou est le nom d'un ancien daïmionat.
[2] Akita est le nom d'un ancien daïmionat et d'une ville
[3] Hamaski est un petit village en Oshiou.

rôle très-considérable dans l'exportation et sont devenues d'une très-grande importance pour la fabrique indigène depuis la naissance du commerce d'exportation. En Europe, elles sont employées surtout pour la passementerie, pour rubans et lacets. — La véritable soie Hamaski est une marchandise saine et nerveuse à fil tordu, cependant une grande partie des soies exportées sous ce nom provient du district de *Yonésawa* et de la partie centrale d'*Iwashiro*. La première qualité est bonne, mais a le fil plat, tandis que la dernière, à cause de la qualité médiocre des cocons, est faible, râcheuse et de mauvaise couleur. Dans le village de *Kaminoyama*, situé dans le district de Yonésawa, se file une très-bonne qualité de soie, qui passe aussi dans le commerce sous la dénomination générique d'Hamaski ; c'est une soie de très-bonne nature, ayant beaucoup de nerf, fortement tordue ; cette dernière qualité vient de ce que la fileuse, au lieu de tourner comme sur figure 3, planche I, le cylindre en frappant de la main droite, agit de la main gauche et, tenant le fil de la droite, lui fait parcourir un plus long trajet jusqu'au petit bambou par-dessous lequel il passe avant de monter sur le cylindre. La nature un peu rude de cette soie provient de l'eau fortement calcaire.

La plupart des marchands japonais, suivant leur mauvaise habitude, mêlent toutes ces espèces et les apportent au marché sous la seule dénomination d'Hamaski. Les titres de la soie Hamaski varient de 25, 40 à 60 et plus de deniers.

Les soies *Oshiou-Etshingo*[1] arrivent au marché soit en paquets, soit en grappes, et se trouvent être le plus souvent de titre moyen, de nerf faible et de mauvaise couleur.

Les *Oshiou-Sendaï*[2], qualité de titre moyen, de belle couleur et de fort bonne nature.

Les *Oshiou-Harimici*[3], première qualité des soies Oshiou, de belle couleur, étaient autrefois d'un fil superbe.

Les *Oshiou-Miarou*[4]. La soie Miarou filée ordinairement de cocons bivoltins est de bonne couleur, mais a peu de nerf. Par cette raison, elle figure sur les marchés rarement sous ce nom, mais se mêle, selon ses titres, aux Sendaï ou aux Harimici.

Les *Oshiou-Kakéda*[5] étaient autrefois, à cause de leurs excellentes qualités, du nombre des soies les plus recherchées. Pour cette raison, les Japonais apportaient sous ce nom une masse de surrogats au marché, voulant tirer parti des prix élevés payés pour ces soies. La conséquence en fut que l'espèce originelle s'est entièrement perdue. L'endroit où se filent les véritables Kakéda est d'une force de production très-médiocre.

Les *Oshiou-Kinkasan*[6]. Ce nom se donne à une sorte de soie qui est le meilleur et le plus fin produit filé en

---

[1] Province Etshingo.
[2] Sendaï, situé sur la côte orientale de l'Oshiou, est le nom d'un ancien daïmionat et d'une ville qui se trouve dans l'intérieur, à quelques milles de la baie de Sendaï.
[3] Harimici est un petit village dans la partie occidentale de l'Oshiou méridional.
[4] Miarou est une petite ville au sud de Sendaï.
[5] Kakéda est un petit village en Oshiou.
[6] Kinkasan est un petit îlot conique dans la baie de Sendaï où il n'y a point de sériciculture.

Oshiou, mais sous le rapport de la quantité d'une importance très-secondaire.

Les bonnes soies Oshiou s'emploient beaucoup pour failles et moirés.

ZONE CENTRALE

A la *zone centrale* appartiennent les soies connues dans le commerce, d'après leur pliage, sous le nom de *Grapes Hanks*. Les papiers employés dans ce pliage diffèrent presque dans chaque paquet; ils sont chargés quelquefois lourdement de chaux; d'autres fois ils sont très-minces, ce qui se fait en vue d'égarer et de tromper l'acheteur européen dans l'évaluation de la tare. Voilà pourquoi il n'y a pas pour ces soies de tare fixée d'avance. Ces espèces, ainsi que nous l'avons déjà dit, fournissent le contingent principal de l'exportation. Elles se subdivisent ainsi :

Les soies *Sinshiou*[1], qui sont de nature très-robuste et de belle couleur. Quoique dégénérées, elles ont néanmoins conservé, comparativement à toutes les autres espèces du Japon, le plus de leurs qualités primitives. Une qualité supérieure se file à *Ouéda*. Parmi les soies blanches de *Shimonosuca*, il y a de très-bonnes qualités pour la couleur aussi bien que pour le nerf, et les soies blanches venant d'*Ida* offraient autrefois une couleur excessivement belle

[1] Province Sinshiou.

et une qualité distinguée; malheureusement cette espèce
aussi, que l'industrie des dentelles en Europe payait à prix
excessifs, a perdu ses qualités primitives. Cette dernière
espèce de soie Sinshiou se plie maintenant le plus souvent
en grappes, cependant elle arrive quelquefois au marché
en paquets courts ou longs (*long guindre*) ce qui autrefois
était son pliage ordinaire.

Les soies *Djoshiou* [1] sont, à tout prendre, également de
bonne nature. Celles provenant du district de *Maïbash*
jouissent d'une réputation supérieure; fréquemment l'usage
comprend sous le nom de ce district toutes les soies de la
zone centrale pliées en grappes. C'est avec raison que les
soies de *Shimonita* passent pour la meilleure espèce de
cette province. Les soies provenant d'*Omama* sont pour
la plupart d'un titre un peu plus ferme et se distinguent
par leur élasticité et leur force. D'autres noms très-
appréciés du commerce sont les *Tomioka* et les *Takasaki*.

Les soies provenant des provinces *Shimosouké*, *Shimousa* et *Hitatshi* figurent au marché sous le nom de soies
Djoshiou.

Dans la province de *Mousashi*, le district de *Hachodji*,
fournit une soie de qualité moyenne et inférieure, de couleur
brunâtre. Hachodji fournit aussi une qualité connue sous
le nom de *Toussah*, de couleur brunâtre, d'un fréquent
emploi dans l'industrie rubanière en Europe. Cette espèce
est pliée non pas en grappe, mais en paquets. Dans le dis-

[1] Province Djoshiou.

tric de *Tsitshibou*, on file une meilleure qualité dont la nature se rapproche des soies Sinshiou. Les soies de la province contiguë, *Sagami* arrivent au marché comme soies Hachodji.

Le *Koshiou* fournit une soie (sellés) dont la qualité varie d'année en année; nous avons du reste déjà indiqué les raisons de ce phénomène. La nature de la soie elle-même est très-nerveuse. La soie se plie ordinairement en paquets.

Le *Shida* fournit une soie blanche nerveuse ayant beaucoup de qualités avantageuses, mais se filant si mal que pour le moment elle offre peu d'intérêt au commerce. Elle se plie en paquets.

Etshiou fournit une soie blanche à laquelle s'appliquent les observations faites à l'endroit des soies Shida. Pliage en paquets.

Les soies en grappes de la zone centrale se prêtent aux emplois les plus variés, les belles sont recherchées surtout par l'industrie des taffetas.

ZONE AUSTRALE

La *zone sud* fournit exclusivement des soies blanches pliées en paquets, qui sont toutes de nature supérieure, mais malheureusement filées plus mal que toutes les autres soies japonaises et, par là, jusqu'à présent peu importantes pour le commerce. Sous le rapport de la tare, voyez nos observations touchant les soies de la zone centrale.

Les espèces les plus connues sont les soies de :

Etshisen, qui, en bonne marchandise, sont recherchées par la rubanerie européenne. Le marché principal est *Kasyama*. Cette province fournit les 10 0/0 de la production de la zone australe.

Mino qui fournit les espèces connues sous le nom de *Sodaï* et figure avec 25 0/0 dans la production totale de la zone australe.

Goshiou, avec le marché de soies de *Nagahama*, est la province la plus importante de la zone méridionale, à la production de laquelle elle participe avec 40 0/0.

Les autres provinces de cette zone se rangent quant à leur importance selon les données de la page 21. Notons encore les provinces *Tanba*, *Tango* et *Tajima* (soies *Mashta*), fournissant ensemble à peu près les 20 0/0 de la production totale de la zone méridionale.

Les soies filées dans les provinces à l'ouest, à l'est et au sud du lac de Biwa (province Goshiou), se résument dans le commerce sous le nom générique de *Taysams*.

SOIES DOUPPIONS

Les *soies de cocons doubles* se filent surtout dans les provinces d'*Oshiou* et de *Djoshiou* et sont diversement employées par la fabrique indigène.

PARTICIPATION AU COMMERCE D'EXPORTATION

La participation des différentes zones et provinces au mouvement de l'exportation varie naturellement d'année en année. Dans la zone nord, ce sont surtout les provinces d'Uzen et d'Iwashiro, et dans la zone centrale celles de Sinshiou, de Djoshiou et de Mousashi qui participent à l'exportation de Yokohama, tandis que la zone sud y joue un rôle insignifiant.

DÉVELOPPEMENT DU COMMERCE DES SOIES

LES PREMIÈRES SOIES — IMPORTANCE ACTUELLE

Les premiers arrivages de soie japonaise en Europe (Londres) en 1859 étaient des soies Sodaï, très-blanches, propres et sans mélange, titre 14/20, qui se vendirent à 25 shillings. Vinrent ensuite des Maïbash, vendues de 25 à 26 shillings la livre. Ces dernières étaient très-propres, régulières, titre 10/14, de bon dévidage, au fil léger, et très-recherchées par la consommation. En général, ces premières expéditions, soit par la nature de la soie, soit par le fil net et beau, excitèrent une admiration générale, et lorsque pour la saison de 1862-63 l'exportation atteignit le chiffre de 25,900 balles, on crut devoir attribuer ce résultat à l'importance croissante des relations commerciales entre l'Europe et le Japon, et l'on fonda dès lors de grandes espérances sur l'avenir de cette branche à peine naissante. Mais, dans la campagne suivante, l'exportation tomba à 15,931 balles et flotta pendant quelques années entre ce chiffre et celui de 12,000. On explique la grande exportation de la saison de 1862-63 en alléguant que les stocks amassés à l'intérieur pendant le temps où la fabrique indigène était le seul acheteur, leurrés par les bons prix, affluèrent en masse à Yokohama. Comme à cette époque-là le gouvernement était supposé méditer l'expulsion de tous les étrangers, les marchands japonais se hâtèrent d'autant plus de jeter toutes les soies disponibles sur le marché, sachant bien qu'ils y retireraient des prix jusqu'alors inouïs au Japon. Cette exportation considérable ne devait donc pas s'attribuer à l'accroissement de la sériciculture de l'intérieur ; il n'était pas plus possible de croire que la fabrique indigène pouvait impunément abandonner à l'exportation une pareille quantité de soie.

Les mesures hostiles du gouvernement japonais visant à cette époque à l'isolement complet des étrangers, pour les contraindre ainsi à quitter le pays, amenèrent au printemps de 1864 la cessation absolue des arrivages de soie. Il n'y eut alors qu'un petit nombre de parties gagnant Yokohama à la dérobée et en contrebande. Ce système, cependant, grâce surtout au bombardement de Shimonoséki, ne tarda pas à être abandonné, de sorte que les expéditions dans les mois d'octobre et de novembre s'élevèrent tout à coup au chiffre de 7,000 balles.

Si nous étudions maintenant le développement ultérieur de

ce commerce, nous trouvons une hausse continuelle dans les prix, tandis que l'exportation, restant la même pour la quantité, diminue de plus en plus sous le rapport de la qualité.

Nous renvoyons ici au tableau des exportations et des prix de la soie à Yokohama, que nous donnons à la fin de cette étude, en nous bornant pour le moment à soumettre à l'appui de nos observations, les données suivantes :

ANNÉES	EXPORTATION PAR ANNÉE du 1ᵉʳ janvier au 31 décembre en balles de 100 liv. angl.	VALEUR TOTALE APPROXIMATIVE PAR ANNÉE du 1ᵉʳ janvier au 31 décembre en dollars [1].	PRIX MOYEN APPROXIMATIF DE L'ANNÉE par picoul en dollars
1862	20 650	7 320 000	472
1863	23 100	9 970 000	575
1864	11 480	5 385 000	620
18 5	15 300	8 520 000	710
1866	12 710	8 250 000	865
1867	11 070	6 689 000	800
1868	17 300	12 480 000	960
1869	9 510	5 780 000	810
1870	9 410	5 847 000	825
1871	15 830	8 610 000	723
1872	13 600	7 835 000	768

SAISONS	EXPORTATION PAR SAISONS du 1ᵉʳ juillet au 30 juin en balles de 100 liv. anglaises.	PRIX LES PLUS BAS ET LES PLUS HAUTS DES SAISONS pour premières Maïbash, par picoul en dollars.	
1859-60	6 000	300 — 350	Sodal et autres soies blanches.
1860-61	10 000	350 — 500	Pour bonnes sortes Grappes.
1861-62	11 350		
1862-63	25 891	505 — 570	—
1863-64	15 931	525 — 585	—
1864-65	16 527	540 — 740	—
1865-66	11 619	710 — 957	—
1866-67	13 551	700 — 960	—
1867-68	12 306	820 — 955	—
1868-69	14 984	900 — 1070	—
1869-70	14 475	760 — 900	—
1870-71	8 030	875 — 700	—
1871-72	11 635	700 — 780	—
1872-73	11 428	800 — 700	—

(Note à droite de la colonne PRIX : « Le premier chiffre est le prix au début de la saison, le second celui de la fin de la saison »)

Le dollar équivaut à 5 fr. 60.

Le rôle important que jouent les soies et les graines dans nos relations actuelles avec le Japon est démontré par les chiffres suivants.

La valeur totale du commerce d'exportation de Yoko-hama offre, dans les saisons de 1869 à 1872, les chiffres suivants :

Saison 1869-1870[1] : 16,720,727 dollars, dont

Soie	9,781,000 dollars.
Graines.	2,860,000
Total.	12,641,000 dollars.

Soit environ 75 0/0.

Saison 1870-71 : 11,948,915 dollars, dont

Soie	5,400,000 dollars.
Graines.	2,500,000
Total.	7,900,000 dollars.

Soit environ 67 0/0.

Saison 1871-72 : 15,516,200 dollars, dont

Soie	9,171,280 dollars.
Graines.	1,630,000
Total.	10,801,270 dollars.

Soit environ 71 0/0.

Quelque temps avant l'arrivée des étrangers, le picoul de la meilleure soie valait au Japon à peu près 150 dollars et l'on dit qu'il était à 50 dollars il y a quarante ans. Le prix moyen pour 1862 fut de 472 dollars, prix inou

[1] Du 1ᵉʳ juillet au 30 juin.

alors aux yeux des Japonais, et l'on ne s'étonnera point s'ils s'empressèrent d'apporter à Yokohama toutes les provisions de l'intérieur.

A partir de cette date, nous avons une hausse perpétuelle jusqu'en 1868, où le prix moyen de l'année atteignit le chiffre de 960 dollars, c'est-à-dire plus du sextuple des anciens prix. De la cote la plus basse de la saison de 1862-63, soit 505 dollars pour première Maïbash, le prix monta dans la saison de 1868-69 à 1070 dollars par picoul. Abstraction faite de la campagne exceptionnelle de 1862-63 ainsi que de celle de 1870-71, pendant laquelle l'exportation a été compromise par suite de la guerre en Europe, nous trouverons que dans les autres saisons, à partir de 1861-62, l'exportation n'a pas augmenté, que bien au contraire elle s'est toujours tenue entre 12,000 et 16,000 balles, de sorte qu'après une exportation de plus de dix ans qui a rapporté de grandes sommes au Japon, nous avons une production très-peu supérieure à celle d'autrefois.

CAUSES QUI ONT EMPÊCHÉ LE DÉVELOPPEMENT DU COMMERCE DES SOIES

Quiconque a observé cet état de choses se sera demandé à quelles circonstances extraordinaires il faut attribuer le développement si imparfait de la sériciculture au Japon.

Ce sujet a fait naître des opinions très-divergentes. On

cherchait, entre autre, à expliquer le développement imparfait de la sériciculture au Japon en mettant en cause la population peu intense de ce pays ; on a prétendu que la sériciculture n'offrait plus au cultivateur les avantages d'autrefois ; on a soutenu que, par les changements survenus dans la fabrique indigène, le besoin d'augmenter la sériciculture du pays, en vue du commerce d'exportation, ne s'était pas fait sentir ; enfin on a accusé le commerce des graines.

Voici notre opinion sur ce point.

En ce qui concerne la population du Japon, nous manquons absolument de données exactes; nous ne pouvons donc, en ce qui concerne la première assertion, discuter sur une hypothèse [1].

La seconde assertion est aisément réfutée par le résultat que donne l'étude de la révolution qui s'est opérée dans les prix des soies au Japon. — En concurrence avec les autres cultures du pays, la sériciculture devait offrir au cultivateur des avantages importants, car malgré l'augmentation de frais et la hausse des prix survenues dans toutes les branches de l'industrie séricicole, qui empêchèrent les bénéfices de grandir en proportion du mouvement ascensionnel des prix des soies écrues, il restait toujours des profits plus

[1] Si le manque de population devait réellement empêcher le progrès de la sériciculture, il serait à désirer que la masse de fainéants qui existe au Japon puisse être convertie au travail. Nous voulons parler du grand nombre d'employés de tout genre, de soldats et d'officiers des anciens princes, qui, se contentant de leur minces revenus, s'adonnent entièrement à la paresse. Dans certaines contrées, nous avons rencontré des villages entiers de ces bureaucrates et soldats médiatisés. Comme ils se comptent par centaines de mille au Japon, leur conversion au travail serait d'un avantage incalculable pour les industries du pays.

que légitimes et un écoulement facile était assuré à l'article.

Touchant la troisième assertion, il était en effet parfaitement possible de suffire au commerce d'exportation dans les premières années de son existence, sans pour cela devoir recourir à une augmentation de la sériciculture.

La fabrique japonaise, c'est-à-dire le tissage, a reçu une rude atteinte par suite de la révolution subite dans les prix des soies, et de l'importation simultanée d'étoffes en laine et en coton, qui vint grandement en aide à certaines classes de la population vis-à-vis de la hausse exorbitante des soieries indigènes; ces gens, en accueillant favorablement nos articles à bon marché, fermèrent ainsi à la fabrique de leur pays un débouché important. La conséquence de cet état de choses fut qu'une certaine quantité de gréges se trouva à la disposition du commerce d'exportation, sans que pour cela on eût à augmenter les éducations. Il est évident que la grande partie des soies exportées dans les premières années ne provenait point d'une éducation plus intense, mais bien de la réduction croissante de la fabrique, qui nous cédait son excédant de matière première : car le nouveau commerce surgit si brusquement que les Japonais n'eurent pas le temps de s'y préparer en augmentant les éducations, chose qui aurait exigé un espace de plusieurs années. Cependant, comme la demande allait toujours en croissant, les Japonais se disposaient à établir de nouvelles éducations, et l'on était fondé à s'attendre à un développement de plus en plus rapide de la sériciculture au Japon, quand arriva une circonstance inattendue qui changea les préoccupations des éducateurs en leur ouvrant une nouvelle sphère d'activité. Nous voulons parler du commerce des graines, cause principale qui empêcha le développement de la sériciculture japonaise.

Les bénéfices beaucoup plus considérables que donnait la fabrication des graines devaient engager un grand nombre d'éducateurs à s'y adonner et à abandonner entièrement la filature. Quoique les bénéfices dérivant de cette industrie soient au Japon un peu plus modestes qu'en Europe, ils dépassent toujours très-considérablement ceux que donne la filature, et tous les voyageurs qui ont pu visiter les régions intérieures du Japon auront remarqué l'opulence comparative des localités productrices de graines vis-à-vis de celles qui s'occupent de filer la soie.

Mettons que pour une exportation de 1,250,000 cartons (à 350 grammes le carton), on ait employé 437,500 kilog. de cocons, qui, si on les avait filés, auraient donné 29,166 kilog. de soie (à 15 kilog. de cocons le kilog. de soie), que cette soie, à 70 fr. le kilog., représenterait 2,041,650 fr., tandis que les 1,250,000 cartons vendus à Yokohama, à 15 fr. par carton, auraient rapporté 18,750,000 fr., — et l'on comprendra facilement pourquoi le commerce des graines s'est développé si rapidement au Japon et que là où les circonstances sont favorables, on lui donne la préférence. Heureusement pour la sériciculture, la demande des cartons est limitée et ne s'adresse qu'à certaines contrées. Il paraît donc très-naturel que dans cet état de choses tous ceux qui pouvaient cultiver la branche des graines ne songeassent point à se donner la peine de filer leurs cocons.

Nous croyons donc pouvoir soutenir avec raison que d'un côté le commerce des graines a enlevé à la sériciculture grand nombre de bras et qu'il a de l'autre côté empêché l'augmentation des plantations de mûriers et par cela mis obstacle au développement de la sériciculture. Les prix actuels des gréges, comparés à ceux d'autrefois, admettent certainement la conjecture que nous exporterions aujourd'hui au moins 21,000 balles par année, ce qui revient à un excédant d'exportation de 6,000 balles et fait 21,000,000 de francs à 70 fr. le kilog. (la balle à 50 kilog.).

Il résulte de ce qui précède qu'un développement plus important de la sériculture aurait été bien plus avantageux pour le bien-être général du pays, que la naissance de la fabrication de graines pour l'exportation, bien que celle-ci soit plus avantageuse pour l'individu en particulier.

Considérée au même point de vue, la production de la soie écrue offre en outre les avantages d'une grande division de travail et d'un trafic très-varié.

I V

DÉVELOPPEMENT DU COMMERCE DES GRAINES

— — —

NAISSANCE ET PARTICULARITÉS DE CE COMMERCE

Les premiers cartons arrivèrent en Europe en 1860 ; cet envoi fut suivi, en 1862, d'un autre de modestes proportions. Tous les deux eurent de brillants résultats. Les premiers graineurs se rendirent dans l'extrême Orient en 1862, mais, arrivés en Chine, ils reçurent des communications sur la condition du Japon qui leur firent abandonner le projet de visiter ce pays. Ils revinrent par la Sibérie avec quelques centaines d'onces de graines chinoises, qui n'eurent aucun succès. D'autres graineurs arrivèrent au Japon et s'en retournèrent par la même route avec quelques milliers de cartons japonais qui tous périrent de froid pendant le voyage. A partir de là, ce commerce se développa avec une rapidité fabuleuse. Des quelques 50 cartons vendus en 1860, des quelques 1,000 vendus en 1862 et des 30,000 vendus en 1863 qui tous furent amenés à Yokohama par contrebande, l'exportation atteint soudainement, en 1864, 300,000, et en 1865, 2,500,000 cartons. A partir de 1869 elle se meut entre 1,300,000 et 1,400,000 cartons.

Ce n'est qu'en 1865 que le commerce des graines fut permis par le gouvernement ; avant cette époque il y avait peine de mort pour tout Japonais qui vendrait des graines aux Européens.

EXPÉDITION DES CARTONS

On craignait la route des Indes, voilà pourquoi on essaya d'abord celle de la Sibérie ; mais on ne tarda pas à se convaincre que le chemin des Indes était sans danger, pourvu qu'il fût tenté au bon moment. Depuis l'ouverture du chemin de fer Pacifique, quelques envois se firent par l'Amérique, mais aujourd'hui tous les cartons s'expédient par Suez, route qui offre toutes les commodités et toutes les garanties possibles, grâce aux concessions faites par les compagnies des bateaux à vapeur.

FALSIFICATIONS

Les bénéfices fabuleux que ce commerce fit faire aux marchands japonais suffisent à eux seuls pour en expliquer le développement si rapide. L'indigène cependant n'a pas su résister à la tentation d'augmenter ses chances de gain par la fraude. Il fut une époque où la fabrication des faux cartons avait passée à l'état d'une véritable industrie. Tout ce qui ressemblait à des graines se collait sur les cartons. Vendre des bivoltins pour des annuels était regardé comme une ruse très-légitime. Le plus grand nombre des graineurs fut trompé de cette manière, et il en résulta des pertes considérables pour la sériciculture européenne.

Les représentations du ministre d'Italie eurent assez de succès pour engager le gouvernement du Japon à diriger enfin son attention sur ces menées dangereuses, et l'on ne saurait méconnaître les heureux résultats de cette intervention. Ordre fut donné que chaque carton serait muni de l'estampille gouvernementale; grâce à des timbres différents, les bivoltins purent dès lors se distinguer facilement d'avec les annuels. On fit de la fabrication des cartons vides un monopole, et plusieurs autres décrets organisèrent un système de surveillance qui rendit pour ainsi dire impossible les falsifications.

MARQUES ET TIMBRES

Quant aux marques apposées aux cartons par les marchands, il va sans dire que les Européens n'en ont jamais pris note. L'une est un signe écrit sur le côté du carton qui porte les graines, et qui est visible grâce à la transparence de celles-ci; ce signe signifie toutes sortes de choses. par exemple : « *Hontané*, graines de premier choix, —

Foutazou-érami, trié deux fois, — *Gokou-téntobi*, tout à fait supérieur. » Les timbres du revers donnent le genre de production et le nom de l'éducateur, etc., et de même constituent une réclame, par exemple : « *Mibékisan, Oshiou, Daté, Yanagawa, Yamada-Hiroyémon* : Vers qui donnent une belle soie, province Oshiou, district Daté, village Yanagawa, éducateur Y. H. »

Au début du commerce des graines, tous les cartons exportés en Europe se revêtaient de l'estampille du consulat français ou italien, pour prouver leur authenticité comme d'origine véritablement japonaise. Cette estampille contenait le nom du mois dans lequel elle s'était apposée. Les cartons portant le timbre de juillet jouissaient en Europe d'une faveur particulière et se payaient plus cher, parce qu'on pouvait être sûr de l'absence de bivoltins, qui ne paraissent au marché de Yokohama qu'au mois d'août. Cette circonstance cependant fut cause que toujours au mois de juillet une demande très-animée faisait monter les prix et que les graines inférieures, arrivant au marché les premières, jouissaient de cette situation, tandis que les bonnes sortes, se hâtant de leur disputer la place, se séchaient artificiellement ou s'emballaient encore humides, deux choses également funestes à la prospérité des graines.

A partir de 1871, les Italiens renoncèrent au timbre, de sorte que pendant cette année on n'estampilla plus que le 31 0/0 des cartons exportés. A l'heure qu'il est, cette formalité, reconnue inutile, a cessé tout à fait, à la seule exception des cartons destinés pour la France.

SAISON

Les premiers cartons apparaissent au marché dans les mois de juillet et d'août, et les dernières expéditions pour l'Europe se font habituellement à la fin novembre.

Les deux tiers des cartons exportés vont en Italie et le reste en France. Les Italiens, achetant pour des corporations, prennent toujours les bonnes qualités, tandis que les Français, agissant pour leur propre compte, se contentent des sortes au meilleur marché.

PRIX DES DERNIÈRES DIX ANNÉES — IMPORTANCE ACTUELLE

Le tableau suivant montrera l'importance de ce commerce pour le Japon, ainsi que les exportations, prix et valeurs totales des cartons par saison.

ANNÉES	EXPORTATION TOTALE POUR L'EUROPE cartons	PRIX DU CARTON EN DOLLARS	VALEUR TOTALE EN DOLLARS
1863	30,000	Ventes secrètes, prix inconnus.	
1864	320,200	Ventes secrètes, prix très-irréguliers de 1 à 2.	
1865	2,450,000	Prix très-irréguliers. On ne fait pas de différence entre annuels et bivoltins, on payait de 0,25 à 2.	
1866	950,000	meilleurs annuels. . 4 » — 3 » moyens — 1 80	2,000,000
1867	860,000	bivoltins. . . . . 0 50 — 1 50 meilleurs annuels. . 4 » — 4 50	2,100,000
1868	2,400,000	meilleurs annuels. . 4 » — 4 50 moyens — . 2 50 — 3 75 inférieurs — . 0 25 — 1 75 bivoltins. . , . . 0 25 — 1 50	5,500,000

ANNÉES	EXPORTATION TOTALE POUR L'EUROPE cartons		PRIX DU CARTON EN DOLLARS	VALEUR TOTALE EN DOLLARS
1869	1,400,000	meilleurs annuels . .	3 50 — 4 50	
	(800,000 ANNUELS & 0,100 BIVOLTINS)	moyens —	3 » — 3 50	2,860,000
		inférieures —	2 25 — 1 75	
		bivoltins. . . .	0 50 — 1 25	
1870	1,390,000	meilleurs annuels. .	3 » — 5 »	
		moyens —	2 70 — 3 25	2,500,000
		inférieurs —	1 » — 1 50	
		bivoltins invendables.		
1871	1,420,000	meilleurs annuels. .	1 » — 2 50	
		plus tard en saison.	. . . 0 50	
		moyens annuels. . .	1 50 — 2 »	1,630,000
		inférieurs —	0 70 — 0 20	
		bivoltins, point.		
1872	1,280,000	meilleurs annuels.	2 50 — 3 50	3,000,000
		moyens —	1 50 — 2 50	

La valeur totale de l'exportation du port de Yokohama.
y compris les cartons, s'élevait :

En 1868-69 à. . . . . . 19,722,000 dollars.
1869-70 à. . . . . 16,720,000 —
1870-71 à. . . . . 11,949,000 —
1871-72 à. . . . . 15,516,000 —

L'exportation des cartons figure donc en moyenne avec 20 0/0 dans l'exportation totale du port de Yokohama.

PRODUCTION COMPARATIVE

Les statistiques japonaises fournissent les détails suivants sur la production des cartons :

PROVINCES	1868	1869	1870	1871	1872
Sinshiou	40 %	55 %	55 %	55 %	40 %
Oshiou.	35 %	15 %	25 %	30 %	30 %
Djoshiou. . . .	20 %	20 %	20 %	15 %	10 %
Mousashi. . . . Goshiou. Mino. etc.	5 %	10 %	—	—	10 %

SAISON DES CARTONS DE 1871

Suivons maintenant les phases d'une saison de graines et choisissons pour cela celle de l'année 1871, qui nous donne un aperçu intéressant sur le caractère particulier de ce commerce et sur nos relations avec les commerçants et les corporations commerciales du Japon.

La saison de 1871 s'ouvrit pour les Japonais sous des auspices très-peu favorables et le résultat en fut, à tout prendre, désastreux. Dans la supposition que les besoins de l'Europe seraient très-grands cette année, on fabriqua pour l'exportation 1,800,000 cartons environ, dont 1,650,000 arrivèrent au marché de Yokohama, tandis que le reste ne bougea pas de l'intérieur dès que les chances de vente eurent pris une tournure désavantageuse. Les marchands japonais avaient payé de grands prix aux éleveurs de l'intérieur, soit 3 à 4 dollars par carton ; mais les graineurs européens ne se présentèrent qu'en petit nombre et répondirent aux prix exigés de 5 à 6 dollars par une offre constante de 1 1/2 à 2 dollars ; d'un autre côté, les arrivages se montaient, dès la première moitié d'octobre, à 1,600,000 cartons contre une vente de 300,000 cartons (dont 100,000 à 2 et 2 1/2 dollars et 200,000 à 1 1/2 et 2 dollars par carton) : tandis qu'en 1868 on avait, dès le commencement d'octobre, vendu déjà 1,650,000 cartons sur 1,825,000 cartons d'arrivages, et, en 1869, 700,000 cartons sur 1,000,000 d'arrivages. — La saison de 1870, à cause de la guerre en Europe, ne saurait ici servir de comparaison.

On comprendra donc facilement que les Japonais, pour se mettre à l'abri de pertes excessives, se crurent obligés de recourir à des mesures extraordinaires.

La *Kaïsho*, une espèce de Bourse japonaise, s'opposa aux premières ventes et alla dans plusieurs cas jusqu'à employer la force ouverte, c'est-à-dire à empêcher le transport dans la ville européenne de cartons achetés sur le marché ; cependant les plaintes des Européens forcèrent le gouvernement japonais d'intervenir en leur faveur. — Les marchands japonais, en vue d'améliorer leur situation, se réunirent en assemblée et décidèrent d'abord de brûler 400,000 cartons, pour relever ainsi la valeur des autres. Heureusement ils ne tardèrent pas à comprendre que cette mesure n'aurait probablement pas les résultats désirés ; car pouvaient-ils espérer, en effet, que la hausse suffirait pour les dédommager de la perte des cartons brûlés ?

Les projets embrouillés qui se succédèrent ensuite démontrèrent jusqu'à l'évidence combien les marchands japonais devaient ressentir leur perte. On l'évalue effectivement à 7 ou 800,000 dollars. On finit par prendre la résolution de déposer un tiers des cartons du stock dans les magasins de la banque japonaise (*Shosha*), à condition qu'ils ne seraient ni vendus ni consignés, mais renvoyés à l'intérieur dès la fin de la saison. Il est vrai que cette résolution ne fut pas stricte-

ment respectée par tous les marchands ; on calcule cependant
que de cette façon 300,000 cartons environ furent retirés du
marché. Cette mesure, du reste, n'eut point le résultat voulu,
qui devait être de forcer les Européens à élever leurs offres.
Les existences restaient toujours de beaucoup supérieures à
leurs besoins. Il y eut alors plusieurs conférences entre les
graineurs et les commerçants japonais, et ces derniers se
déclarèrent pour le moins moralement obligés de renoncer
pendant le reste de la saison à toute idée de vente ou de
consignation des cartons qu'ils avaient retirés du marché.
Les graineurs insistèrent sur ce point, se rappelant que
l'année précédente (1870) ils avaient subi de grandes pertes,
parce que les Japonais, après leur avoir vendu des graines
à des prix comparativement élevés, avaient, par l'inter-
médiaire de maisons étrangères, consigné en Europe tout
le reste de leurs cartons, et que, par l'empressement que
montrèrent ces maisons à placer l'article, le marché des
cartons en Europe avait été complétement gâté. — Sur ces
entrefaites la saison s'était déjà bien avancée et les prix étant
tombé au niveau des circonstances, les acheteurs, encoura-
gés d'ailleurs par les promesses des Japonais, commencèrent leurs opérations sur une échelle plus large, de sorte
que, de la mi-octobre à la première moitié de novembre,
il se vendit 700,000 cartons dans les prix de 1 1/2 à 2 dollars pour première qualité d'annuels verts. Cela porta le
total des ventes à 1,000,000 de cartons et laissa un excédant disponible de 270,000 cartons.

Les Japonais, talonnés par le déclin de la saison, pressèrent de plus en plus les ventes, ce qui fit éprouver aux prix une baisse si considérable, qu'on acheta les meilleurs annuels entre 50 cents et 1 dollar. Il en résulta une diminution de stock qui engagea plusieurs commerçants japonais à demander la remise des cartons déposés. Un grand nombre de leurs compatriotes, ainsi que des Européens, s'opposèrent vivement à ce projet déloyal et l'emportèrent sur leurs adversaires, qui se virent déboutés de leur demande. La remise des cartons déposés n'eut lieu que le 7 décembre, c'est-à-dire à une époque où la plupart des graineurs avaient déjà quitté Yokohama et où la saison pouvait se considérer comme terminée par une exportation de 1,360,000 cartons. La remise dont nous parlons se fit sous les yeux des autorités, et la vente de ces semences fut strictement défendue; néanmoins 60,000 cartons environ furent vendus, donnés ou commis, ce qui porta l'exportation totale pour cette saison à 1,420,000 cartons. Le reste, 240,000 cartons, furent envoyés en partie à Yédo, en partie jetés.

Voici maintenant la participation des différentes nationalités au commerce des cartons de 1871 et les expéditions par les compagnies de vapeurs. La *Peninsular and oriental steam navigation Company* a exporté :

	POUR LA FRANCE CAISSES	POUR L'ITALIE CAISSES	TOTAL CAISSES
Par Italiens. . .	69	972	1,041
Français . .	182	—	182
Allemands. .	84	93	177
Divers. . .	43	166	209
TOTAUX. .	378	1,231	1,609

Les *Messageries maritimes* exportèrent :

	POUR LA FRANCE CAISSES	POUR L'ITALIE CAISSES	TOTAL CAISSES
Par Italiens. . .	187	2,211	2,398
Français . .	1,643	14	1,657
Allemands. .	279	199	478
Divers. . .	115	174	289
TOTAUX. .	2,224	2,598	4,822

Par la *Pacific mail steam ship Company*, 33 caisses furent expédiées via San-Francisco par des Américains, des Suisses et des Anglais. De ces 33 caisses, 3 étaient à destination de la Californie, 30 de la France et de l'Italie.

L'exportation totale des différentes nations est donc comme suit :

	POUR LA FRANCE CAISSES	POUR L'ITALIE CAISSES	TOTAL CAISSES
Par Italiens. . .	256	3,183	3,439
Français . .	1,825	14	1,839
Allemands. .	363	292	655
Divers. . .	188	340	528
TOTAUX. .	2,632	3,829	6,461

En d'autres termes, on expédia pour la France 40 0/0, pour l'Italie 60 0/0 ; les Français expédièrent 29 0/0, les Italiens 53 0/0, les Allemands 10 0/0, divers 8 0/0. On peut évaluer la caisse de graines à une moyenne de 220 cartons.

L'exportation montra un excédant de 30,000 cartons sur l'année 1870 ; mais la valeur de l'exportation ne s'élève qu'à 1,650.000 contre 2,500,000 dollars de l'année passée, ce qui constitue la diminution importante de 870,000 dollars.

Les cartons de 1871 se composaient tous d'annuels verts, parce que les bivoltins avaient été tellement négligés par les acheteurs des saisons précédentes, que les Japonais, cette année, n'en apportèrent point au marché. Du moins les plaintes concernant la substitution de bivoltins aux annuels, fraude qui se pratique toujours plus ou moins, ont été fort rares pour les cartons de cette saison. De cartons annuels blancs, il n'y en eut que quelques milliers qui, à cause de leur rareté, furent payés 3 et même 3 1/2 dollars.

SAISON DES CARTONS DE 1872

La saison suivante (1872) se caractérisa surtout par le fait qu'un seul marchand japonais obtint près de la moitié des cartons disponibles, et, par ses manœuvres, sut amener une hausse considérable. Ce marchand était d'intelligence avec les autres grands détenteurs de graines.

Pendant cette saison, les bonnes qualités se payaient :

	DOLLARS		DOLLARS
Oshiou Daté Yanagawa blancs. .	3 60	–	2 80
Oshiou Daté Yanagawa verts . .	3 30	—	2 40
Ouzen Okitama Yonésawa verts.	3 50	—	2 60
Sinshiou tshisangata Ouéda verts.	3 40	—	2 50
Sinshiou Takaï.	3 40	—	2 50
Djoshiou Saï Shimamoura. . . .	3 50	—	2 60

Les plus hauts prix se sont payés en octobre et en septembre. Les prix inférieurs notés ci-dessus sont ceux de
novembre.

Les bivoltins ne formaient que le 7 0/0 de la production
totale, dont plus de la moitié provenaient de Koshiou et de
Shida.

V

LA DÉTÉRIORATION DES SOIES DU JAPON

. . ———

PREMIÈRES TENTATIVES DE FRAUDES, ENCOURAGÉES PAR LA SITUATION COMMERCIALE

Il nous reste à parler de la détérioration des soies japonaises, — chose généralement reconnue et déplorée.

Nous avons vu qu'il n'a jamais été question au Japon d'une étude de la physiologie du ver à soie, il n'a jamais été l'objet d'études scientifiques comme chez nous ; c'est dans la fidèle conservation de bonnes anciennes traditions, dans les petites éducations, dont le soin était confié aux membres de la famille, dans la propreté, l'exactitude et les soins des Japonais qu'il faut chercher tout le secret des succès de leur sériciculture ; c'est de l'avénement des étrangers au Japon que date la désertion de ses maximes. Depuis lors, la fraude et la fourberie prirent la place des honnêtes pratiques d'autrefois, et bientôt la plus grande méfiance devait s'emparer des acheteurs.

On se souvient sans doute des tentatives timides faites, il y a dix ans, pour mélanger avec les soies si recherchées de Maïbash d'autres qualités de provenance inférieure, en vue de tirer parti des prix élevés qui se payaient pour les premières. Le peu de connaissance que l'on possédait alors au sujet des soies japonaises vint à l'appui de ces tentatives, le succès les encouragea ; elles devinrent plus fréquentes d'année en année, jusqu'à passer en pratique habituelle. La bonne qualité primitive finit par disparaître entièrement, car les bénéfices résultant de la fraude étaient trop grands pour qu'il eût valu la peine de produire une belle soie.

Cette fraude fut exercée dès lors de toutes les manières et dans tous les détails de l'industrie, jusqu'à ce que la réputation d'une qualité en eût assez souffert pour rendre impossible de tromper davantage. On cessait alors, — pour tenter la même opération sur une autre provenance. Après les Maïbash vinrent les Idas, puis les Hachodjis et les Oshious, si bien que toutes les qualités ont subi le même sort et que toutes les soies du Japon, privées de leurs qualités originales, doivent s'acheter aujourd'hui avec la plus grande méfiance.

Nous avons sous les yeux la cote raisonnée de quelques soies japonaises datant de l'année 1863 et provenant d'une source très-estimable, cote qui fait sentir d'une manière vraiment affligeante la détérioration croissante de cet article.

Elle s'exprime ainsi :

Koshiou, soie blanche et jaune, propre, bon fil, mêlée de titre, mais bon dévidage.

Ida, très-belle blanche, d'un titre un peu plus ferme que Maïbash, très-bonne nature, se paye très-cher. *Il arrive par ci par là des parties mélangées.*

Sinshiou, soies blanches, jaunâtres et verdâtres, brillantes et de très-bonne nature, en général moins régulières en titre que Maïbash.

Maïbash, couleur jaune clair et blanchâtre, de fil égal, nettes, brillantes ; nerveuses et de titre fin et régulier. — Cette provenance est la meilleure et enlève toujours les plus hauts prix. — *Les Japonais ont essayé de vendre sous ce nom d'autres provenances de moindre mérite, mais sans succès jusqu'à présent ; dans cette tentative frauduleuse on croit découvrir les avant-coureurs d'une amélioration des autres provenances de soies japonaises.*

Quel amer démenti cette manière de voir devait essuyer un jour, et quel reproche elle constitue pour les acheteurs de Yokohama !

Les prix de 1862 à 1865 indiquent en effet un progrès dans la qualité des sortes inférieures. On sait assez que, en conséquence de la faveur accordée aux fines Maïbash, les soies Koshiou, Hachodji et Oshiou furent en effet filées avec plus de soin. Abstraction faite de ce que quelques-unes de ces qualités ne se prêtent guère au filage fin, cela prouve néanmoins qu'à l'origine les Japonais n'étaient pas de mauvaise foi. Mais la tentation était trop forte pour qu'ils pussent rester dans la bonne voie. Ils préférèrent dans la suite, spéculant sur la crédulité des étrangers, faire des bénéfices plus larges en mêlant les soies, tuant ainsi, dans leur aveuglement, la poule aux œufs d'or.

Voici les cotes des Maïbash, Oshiou et Koshiou de 1862 à 1865, qui confirment ce que nous venons de dire.

		1862	1863	1864	1865	Renchérissement
Maïbash premières.	Janvier . .	465	550	540	700	44 %
Maïbash inférieures.	» . .	380	500	520	660	74 %
Oshiou moyennes.	» . .	360	505	540	650	80 %
Oshiou inférieures.	» . .	310	480	520	620	100 %
Koshiou moyennes.	» . .	340	—	510	595	75 %
Koshiou inférieures.	» . .	310	450	490	570	85 %

Ce renchérissement disproportionné des sortes ordinaires et inférieures vient du reste en partie aussi de ce que la fabrique indigène les employait largement et provoquait par là pour ces sortes une concurrence des plus intenses.

Nous ne pouvons douter que si tous les acheteurs européens avaient apprécié la situation à l'égal de celui que nous venons de citer, et qu'ils eussent agi en conséquence, les Japonais n'eussent pas tardé à renoncer à leurs menées frauduleuses. En effet, si les Européens s'y étaient opposés avec énergie, le produit primitif aurait été maintenu dans toute sa beauté et les provenances inférieures, encouragées par les prix accordés aux belles qualités, auraient certainement été améliorées.

Toutefois il faut faire la part de la situation qui régnait dans ce temps-là.

Le Japon nouvellement ouvert, les bruits vagues de ses richesses arrivant en Europe, les premiers arrivages de belle soie et les grands bénéfices qui en résultèrent ne pouvaient manquer d'attirer l'attention générale sur cet empire des îles. Bientôt la concurrence s'accrut énormément par l'arrivée d'étrangers venant de tous les coins du monde, tous également avides d'avoir leur part du butin. On sait assez que dans le nombre de ceux qui s'occupaient de la soie, il y avait des gens qui non-seulement ne connaissaient pas l'article, mais ne l'avaient même jamais vu. La génération actuelle d'acheteurs européens à Yokohama s'amuse encore aux histoires merveilleuses touchant le système d'inspection de ces gens-là, qui achetaient et payaient sans avoir vu la marchandise, la faisaient emballer pour l'Europe par les Japonais eux-mêmes et allaient même quelquefois jusqu'à faire leurs inspections de nuit, à la lumière d'une lampe.

Les quelques maisons européennes établies à cette époque là à Yokohama et les rares connaisseurs d'entre les nouveaux débarqués eussent-ils eu l'intention de conserver les avantages solides et importants de leur situation, ils n'auraient jamais pu, en présence des folles allures de leurs adversaires, arriver à leurs fins ; ils se voyaient donc obligés de faire comme les autres et d'exploiter la situation donnée, pour ne pas perdre leur part au bénéfice que donnait toujours encore ce commerce. A coup sûr, il n'est pas étonnant que les Japonais aient exploité une pareille situation, qu'ils aient mêlé toutes les qualités possibles, associé par un même pliage les qualités inférieures aux bonnes, exercé cette tromperie jusque dans les derniers détails, introduit enfin dans le même écheveau différentes qualités par couches successives, et qu'ils aient fini par fourrer des déchets et des pierres au milieu des paquets. Vraiment la tentation était trop grande pour les commerçants japonais pour qu'ils aient pu y résister, et c'est surtout à cette époque là que nous devons le triste état actuel de la soie japonaise.

Si l'on avait mieux connu le caractère des marchands indigènes d'alors, on aurait du reste pu prévoir ce qui est arrivé.

Bien que le marchand japonais, dans son pays, appartienne aux classes inférieures de la société, il jugeait alors encore au-dessous de sa dignité d'entrer en relation avec les étrangers. Il arriva donc, et nous le disons en l'honneur des négociants japonais d'alors, que ce commerce fut fait par des individus appartenant aux classes les plus abjectes de la population, qui ne s'élevèrent que peu à peu à la position sociale qu'ils occupent aujourd'hui.

Ce noyau de négociants s'agrandit plus tard par des éléments meilleurs, mais l'occasion fait le larron, dit le proverbe. La génération actuelle des commerçants du Japon n'est point exempte du reproche d'avoir contribué pour sa part aux inconvénients qui règnent actuellement, puisque guidée par une politique commerciale des plus bornées, elle n'a point voulu abandonner les traditions du passé.

Comme les Japonais ne cherchaient dès lors qu'à filer beaucoup et vite, la qualité baissait constamment ; aujourd'hui encore la fraude s'exerce jusque dans les plus petits détails.

Ainsi l'un des défauts les plus importants de la soie japonaise, c'est que l'on trouve dans un même écheveau des soies de qualité et de titre différents, voir même des douppions; c'est dans le second dévidage, qui se fait généralement au Japon, que la mauvaise soie se met d'abord sur le dévidoire, et ensuite une couche de bonne qualité sert à la couvrir. Le pliage des soies japonaises se faisant par petits écheveaux munis de bandes de papier et de ficelles (voyez planche A) est très-favorable à cette tricherie, qui s'exécute avec l'habileté et l'exactitude particulières aux Japonais. Cette irrégularité dans les écheveaux mêmes est une des principales causes de la défaveur que les soies japonaises ont rencontrée en Europe depuis quelques années. Le travail qui en résulte pour le moulineur est excessivement pénible et oblige celui-ci d'exiger, pour ouvrer la soie japonaise, le double du prix de la façon des bonnes soies courantes d'Europe.

De 1865-68, les soies japonaises, grâce à une suite de mauvaises récoltes en Europe, obtinrent des prix énormes (première Maïbash, 40 shillings). Mais la détérioration des soies s'accrut précisément au moment où la sériciculture européenne prit, grâce au Japon, un élan nouveau. La disproportion intervenue par suite de pareilles circonstances est vraiment effrayante.

Voici les prix moyens :

DES ANNÉES	POUR BONNES SOIES COURANTES D'ITALIE, TITRE 10/12 en francs, or, par kilogr.	POUR PREMIÈRES MAÏBASH TITRE 12/16 en francs, or, par kilogr.
1861	62 fr.	73 fr.
1862	76	76
1863	65	72
1364	85	82
1865	104	104
1866	96	108
1867	97	102
1868	106	103
1869	95	90
1870	93	78
1871	86	76
1872	97	78

Ainsi, tandis qu'en 1863 les *Best Maïbash* valaient 11 $\%$ de plus que les bonnes courantes d'Italie, elles ont fini par tomber en 1872 à 20 $\%$ au-dessous de la valeur de ces dernières.

LA PART DU COMMERCE DES GRAINES A LA DÉTÉRIORATION DES SOIES

Parlons maintenant du rôle que le commerce des graines a joué dans l'histoire de la décadence des soies japonaises.

A l'appui de nos vues, nous citerons les opinions sur ce sujet d'autorités connues.

Nous avons vu que les Japonais ne choisissent que les plus beaux cocons pour la fabrication des graines, mais le commerce des soies ne perd par l'exportation de cartons que 415,000 kilog., soit 600 balles approximativement.

L'avidité de faire de l'argent si fortement mise en jeu dans cette branche, ne pouvait cependant manquer de renverser les bonnes traditions établies de longue main dans la fabrication des graines. La quantité fut l'essentiel, la qualité devint une considération secondaire. La conséquence en fut que les races perdirent en vigueur : en effet, les premiers cartons japonais arrivant en Europe avaient rendu de 40 à 45 kilog. par carton, tandis qu'aujourd'hui un rendement de 20 kilog. par carton est considéré comme très-satisfaisant. La qualité actuelle des cocons percés du Japon qui est de beaucoup inférieure à ce qu'elle était il y a huit à dix ans, prouve de même l'affaiblissement des races japonaises.

Avec la détérioration des cocons, la *nature* de la soie devait forcément se départir de sa bonté originelle. Soit que les Japonais vendissent la plupart de leurs meilleures graines, puisque les Européens les leur achetaient à prix élevés, soit que le bénéfice attaché à cette branche induisît les éducateurs à exploiter les races jusqu'à l'épuisement, on ne saurait méconnaître l'influence funeste que ce commerce a exercé sur la qualité des soies japonaises. Sa propre histoire, du reste, fournit les éléments de cette accusation.

A partir du moment où les races de l'Europe commencèrent à dégénérer et à dépérir lentement, le commerce des graines prit naissance. Des personnes entreprenantes cherchèrent, à l'aide de nouvelles races étrangères, à sauver la sériciculture européenne en train de se ruiner. On expédia en Orient des spécialistes qui rapportèrent en Europe des races jusque-là restées saines. Les bénéfices fabuleux résultant de ces opérations créèrent un commerce étendu qui oublia bientôt sa véritable mission, qui était de détourner le coup menaçant la richesse nationale d'une grande partie de l'Europe méridionale, ne songea qu'aux intérêts de sa prospérité personnelle, et héritant ainsi de tous les vices qui l'avaient fait naître, les propagea et les répandit partout. Ce commerce exagéré, c'est la destruction de la sériciculture.

Après avoir successivement exploité les contrées séricicoles du Levant, puis la Moldavie, la Valachie, la Bulgarie, la Serbie, la Bessarabie, etc., il ne restait intact que le Japon. Si la sériciculture au Japon n'a pas été frappée de la même malédiction, il faut l'attribuer uniquement à l'isolement des étrangers dans ce pays et à la docilité avec laquelle toute une industrie obéit aux volontés et aux ordres du gouvernement.

M. E. Duseigneur, dans sa *Monographie du cocon*, dit en parlant de l'année 1862 (page 106) :

Nous venons de voir la fin de l'Anatolie hâtée par un grainage immodéré. Voici ce que j'écrivais sur la Valachie (*Inventaire* 1862) :

« Ce pays qui, en 1858, récoltait à peine six mille okes de cocons, forme milanaise, valant 2 fr. 50 c. à 3 fr., et représentant quatre cents kilogrammes de semences, voyait cette production doubler l'année suivante, tripler en 1860, et calculée en 1861 de quatre-vingt à cent mille okes de cocons, pouvant fournir sept mille kilogrammes de semences... »

On comprend aisément qu'en Valachie plus qu'ailleurs de pareils prix ont dû motiver un brocantage fabuleux, et un-va-et-vient de cocons des plus défavorables au grainage, circonstances qui eussent rapidement

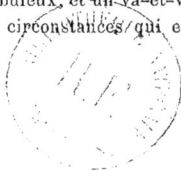

7

ruiné un pays placé dans d'autres conditions, celles de la Roumélie ou de l'Anatolie, par exemple.

« La Valachie, suivant moi, ne s'est soutenue qu'à cause des croisements constants exigés par un accroissement aussi rapide de production, et la race milanaise, qui, reproduite d'elle-même se fût déjà éteinte, a été soutenue par son mélange perpétuel avec les races indigènes à demi sauvages. Sa forme générale et sa qualité y ont assurément perdu, sa résistance y a gagné.

« Les graineurs, particulièrement les Italiens, s'y sont portés cette année en nombre fabuleux, poursuivant la race milanaise en Moldavie, Transylvanie, Bessarabie et Servie ; ils ont rencontré la maladie partout, et parfois développée au point de rendre le papillonage fort onéreux par la proportion des morts, la montagne généralement plus infectée que la plaine.

« Il se sont arraché les semences à des prix énormes ; beaucoup n'ont pu remplir qu'une partie de leurs ordres, et satisfaire une fraction de leurs besoins seulement. »

Et à la page 30, en parlant du développement des magnaneries :

C'est ainsi que chez les masses, lentement, mais de jour en jour, se produisit l'encombrement, auquel il faut attribuer la plus grande part dans l'exaspération de toutes les maladies du ver et particulièrement de l'épidémie actuelle.

Rarement on aura vu cette action se produire aussi clairement que dans les contrées de l'Orient, où s'est exercé le grand grainage, dans les conditions de brusque et considérable accroissement de l'éducation provoqué par le prix excessif retiré des cocons.

Cette action était si évidente, en ces dernières années, que l'on pouvait prédire à jour fixe, comme un calcul d'éclipses, la ruine de tel centre producteur...

En 1861, la même autorité écrivait :

Dans les pays infectés d'Europe, l'on cherche à sauver la position en forçant la quantité de semences élevées et l'on développe ainsi l'épidémie.

Dans les pays préservés, ou jugés tels, comme les provinces danubiennes, les graineurs payent actuellement les cocons destinés au grainage jusqu'à trente francs le kilogramme. L'éducateur de ces contrées, sollicité par d'énormes bénéfices, a, cinq ou six fois, plus de raisons qu'ailleurs d'entasser les vers et ne s'en fait faute; aussi, Bukarest mourra de la mort d'Andrinople et de Smyrne.

M. C. Pasteur dit, dans ses *Études sur la maladie des vers à soie*, sur le Japon, à la page 300, après avoir prouvé que, par toute l'Europe et l'Asie, les maladies du vers à soie ont constamment suivi de près le commerce des graines :

C'est ainsi qu'on aura malheureusement et probablement d'ici à peu d'années un nouvel exemple de l'infection progressive d'un grand pays séricicole sous l'influence d'un commerce de graines exagéré. Le Japon, seule contrée qui soit présentement une source de bonnes semences, résiste encore à la mauvaise influence des vastes grainages industriels qu'on y effectue : son exploitation sous ce rapport et sur une grande échelle ne date encore que des années 1867 et 1868 ; en outre, nos négociants ne peuvent pénétrer dans l'intérieur de l'île, où il est possible que les indigènes aient le bon esprit de continuer leurs anciennes pratiques d'éducation et de grainage.

Cette situation ne saurait durer toujours, et, pour les personnes qui ont suivi, comme je l'ai fait depuis 1865, le développement de la maladie des corpuscules dans les cartons du Japon, il doit être certain que ce pays finira, tôt ou tard, par nous envoyer de très-mauvaises graines et perdra lui-même sa prospérité.

Après citation de pareilles autorités, il serait supperflu de vouloir développer plus loin les dangers que le commerce des graines cache pour la sériciculture du Japon.

VI

LES EFFORTS DU GOUVERNEMENT TENDANT A LIMITER LA PRODUCTION DES GRAINES

En nous référant à ce que nous avons dit ailleurs, concernant le commerce des graines, nous devons cependant dire que nous le croyons sans danger pour la sériciculture du Japon, dès qu'il sera forcé, — et c'est la force seule qui fait ici, — de se tenir en deçà de certaines limites.

Mais alors les millions de cartons ne doivent plus figurer dans les tableaux de l'exportation. Un excès de production, tel que nous l'avons déjà vu plusieurs fois, ayant pour résultat que des milliers de cartons durent, en Europe, tout simplement être jetés, serait certainement accompagné des conséquences les plus étendues et les plus déplorables. Réduit à sa juste mesure, ce commerce n'aura que des effets salutaires et formant un élément important dans nos relations commerciales avec le Japon. Nous serons ainsi toujours de ses partisans.

Le gouvernement japonais a bien compris la situation, et comme nous avons tout lieu de croire qu'il n'aura agi en cela que dans l'intérêt du pays, nous ne pouvons que le féliciter des mesures qu'il a prises; celles-ci tendent à limiter la fabrication des cartons et à empêcher l'établissement des grandes éducations.

Cette année, le gouvernement a défendu la vente des cocons pour fabriquer les graines. Chacun doit grainer avec ses propres cocons. Ainsi les marchands et les éleveurs, qui faisaient le grainage en gros, resteront les mains vides. Nous ne nous prononcerons pas ici sur la question de savoir si le gouvernement japonais n'a pas eu en même temps l'arrière pensée de neutraliser par là la permission accordée l'année passée aux Italiens de visiter l'intérieur, ou bien, dans l'éventualité de l'ouverture du Japon entier, d'enlever d'avance cette industrie aux étrangers [1].

Chaque éducateur doit indiquer au gouvernement le nombre de cartons vides qu'il désire avoir, car c'est le gouvernement seul qui les vend et le nombre en est limité d'avance. Ils coûtent, soit dit entre parenthèse, cinq fois plus qu'auparavant. Ces ordonnances, ainsi que celles qu'on va lire, montrent combien le gouvernement est maître de

---

[1] Le ministre d'Italie obtint l'année passée pour ses protégés la permission de pouvoir voyager pendant un temps donné dans l'intérieur du pays, où toutefois ils relèveraient de la juridiction japonaise. On profita peu de cette autorisation et seulement pour de courtes excursions.

tenir le commerce en tutelle ; il est vrai que dans ce cas nous sommes loin de lui en faire un reproche.

Voici les ordonnances dont nous venons de parler :

NOTIFICATION [1]

Les instructions touchant la préparation et la vente des cartons destinés à être recouverts de graines, publiées déjà l'année passée, ont subi les modifications suivantes que tout le monde observera dorénavant :

Le quinzième jour du troisième mois de la sixième année Meïji (15 mars 1873).

MINISTÈRE DE L'INTÉRIEUR

Règlement sur la préparation et la vente des cartons

§ 1

Les cartons destinés à recevoir les graines sont, conformément à notre décret de l'année passée, confectionnés par l'État et vendus dans les localités désignées ci-après.

Les Osodaï (littéralement sous-éducateurs, ici inspecteurs) prendront livraison des cartons, pour les vendre ensuite aux éducateurs du pays ; ils veilleront à ce que les dispositions de cette ordonnance soient entièrement exécutées.

§ 2

Les lieux de vente sont :

Foukoushino, province deBoushiou (Mousashi)

Foukoushima, province d'Iwashiro.

Ouéda, province de Sinshiou.

§ 3

La vente des cartons aura lieu : du premier jour du troisième mois jusqu'au 15 du cinquième mois de chaque année (du 7 mars au 15 mai).

Sous la direction des autorités locales, les Osodaï constateront le nombre des cartons nécessaire aux éducateurs des différentes contrées.

---

[1] La publication des lois se fait au Japon en les attachant à des planches noires, assujetties à leur tour à des perches que l'on place dans les rues les plus animées.

le nombre requis par la consommation locale et par l'exportation, enfin le nombre des Haroukos (annuels), des Natzoukos (bivoltins) et des Kakéasés (croisés de bivoltins et d'annuels) que l'on veut élever, en vue d'obtenir les cartons vides dans les localités de la vente.

Le prix de vente des cartons à graines annuelles est de 200 yen par mille pièces (fr. 1,12 par pièce) et celui des cartons ordinaires à graines bivoltins de 60 yen les mille pièces (35 cent.) [1].

§ 4

Les Osodaï ne peuvent vendre les cartons vides que dans l'endroit auquel ils appartiennent.

Ils ne peuvent pas non plus échanger entre eux les cartons ni exiger des éducateurs un prix plus élevé.

§ 5

Les cartons originaux pour annuels destinés à la consommation indigène peuvent, après l'éclosion des graines, être vendus à l'État avec un rabais de 50 % sur les frais du carton et du timbre.

Dans ce cas, les Osodaï sont tenus de recueillir les cartons dans leur rayon respectif pour les offrir en revente dans le cours du septième mois (juillet), mais dans ce même rayon, sous indication de la quantité et de leur ancien possesseur.

Ce terme écoulé, la revente ne peut plus se faire. Le gouvernement ne reprend que les cartons entiers et ceux dont les divisions ont été portées à la connaissance du bureau de revente, et dont le sceau sera intact. Les éducateurs voulant revendre les cartons vides sont tenus de les rendre aux Osodaï, dans le sixième mois de chaque année (juin), sous indication exacte de la province, du district et du village où l'éducation s'est faite, éventuellement aussi du nombre des parties composant le carton. Ces indications seront confirmées par leur signature, munie du sceau du chef-lieu de la province. — Ils pourront ensuite acheter d'autres cartons vides pour les remplir et les revendre de même.

---

[1] Les cartons à graines bivoltins s'appellent ordinaires, parce qu'ils se fabriquent avec un papier beaucoup inférieur à celui des cartons à graines annuelles.

Le yen vaut 5 fr. 60 c. Il se divise en 100 sens. Un carton pour annuels revient donc à 20 sens, un carton pour bivoltins à 6 sens. Un carton annuel vide, revient à l'éducateur avec tous les timbres du gouvernement à près de 2 fr.

§ 6

Les Osodaï, après avoir exactement constaté le nombre des cartons requis par leur rayon, et spécialement par chacun de ses éducateurs, en feront un rapport écrit aux autorités, et celles-ci le transmettront aussitôt au bureau des impôts et taxes.

§ 7

Si un éducateur veut vendre à un autre une partie d'un carton déjà rempli, il fera couper celui-ci par le Vice-Osodaï, qui y appliquera son sceau de manière à le faire paraître également sur les coupons.

De cette façon, il n'y aura pas d'inconvénients, quand les graines seront écloses et que le coupon vide passera à la revente.

En outre, celui qui s'occupe de la production de graines mettra son nom sur le carton.

L'éducateur qui a vendu des fragments d'un carton déjà rempli, le notifiera par écrit à l'Osodaï dans le troisième mois de l'année suivante (mars), en indiquant exactement le nom de l'acheteur et ceux de la province du district et du village de ce dernier, ainsi que la grandeur du coupon vendu.

§ 8

L'Osodaï timbrera les cartons qui lui seront remis par les éducateurs pour être divisés ; et la division se fera conforme au modèle ci-joint.

Au fonctionnaire chargé de surveiller la vente des cartons, l'Osodaï fera un rapport écrit sur la quantité des cartons timbrés, en ajoutant le nom des éducateurs, si les cartons ont été coupés.

§ 9

Les éducateurs des cartons bivoltins ne sont tenus à acheter leurs cartons du gouvernement que pour la seconde éducation. Pour la première, qui éclot à la même époque que les annuels, ils sont libres d'employer des cartons à eux.

§ 10.

A défaut d'Osodaï, le Vice-Osodaï le remplacera, à défaut de celui-ci, le Kaha (maire du village).

Les ordonnances sur les cartons à graines ayant été réglées de cette manière, chacun doit s'y conformer, faute de quoi il sera puni.

Dans le troisième mois de la sixième année Meiji (mars 1873).

OKOURASHO,
(Ministère des finances.)

Nous ne pouvons qu'applaudir le gouvernement pour les mesures qu'il a prises en vue de limiter la production des cartons destinés à l'exportation, et d'empêcher l'établissement d'éducations industrielles, enlevant ainsi la fabrication des graines à la spéculation. Nous nous déclarerons toujours d'accord avec les tentatives qui auront ce but, car un excès dans la fabrication des graines est certainement dangereux pour la sériciculture du Japon.

Toujours est-il que nous considérons le fait de l'intervention gouvernementale comme une chose fâcheuse, parce qu'elle est en contradiction avec les principes de la liberté industrielle ; mais nous devons confesser que dans ce cas et dans les circonstances actuelles, nous ne voyons pas d'autre remède. — Mais aussitôt que les cartons entrent dans le domaine du commerce, ils devraient être affranchis de toute tutelle gouvernementale et il arrive trop souvent que le gouvernement japonais entrave la liberté du commerce, comme la saison actuelle des graines nous en fournit un nouvel exemple :

Le gouvernement retint les cartons dans l'intérieur, sous prétexte de pouvoir ainsi les expédier plus tard parfaitement secs à Yokohama. Cette mesure superflue a eu pour résultat que les cartons restèrent au delà du temps nécessaire dans les lieux de production, que, par conséquent, les grands arrivages ont été beaucoup plus tardifs que les saisons précédentes, enfin que les graineurs, alarmés par des arrivages insignifiants, les achetèrent à des prix très-élevés.

A l'arrivée de plus grandes parties, la saison sera trop avancée pour leur accorder le temps de débattre les prix, et les graineurs se verront ainsi dans la nécessité de céder aux exigences exorbitantes des détenteurs japonais.

VII

EFFORTS TENDANT A REMÉDIER A LA DÉTÉRIORATION
DES SOIES JAPONAISES

Tout ce que l'on pouvait tenter pour remédier aux défauts déjà mentionnés des soies japonaises, a été certainement tenté. Des corporations européennes, la Chambre de commerce de Yokohama, les ambassadeurs étrangers, notamment celui d'Angleterre, ainsi que les consuls de ce dernier pays, des commerçants enfin agissant pour leur compte personnel, n'ont pas manqué d'appeler l'attention du gouvernement et des marchands indigènes sur les vices de plus en plus croissants des soies japonaises et sur les dangers résultant de cet état de choses pour le commerce du Japon. Des moyens d'y porter remède ont été proposés, mais ces propositions n'ont pas toujours eu le succès désiré et nous nous contenterons donc de signaler seulement quelques-unes des plus récentes.

Celles-ci recommandaient par exemple aux Japonais de trier soigneusement les diverses qualités de leurs soies. On demandait que chaque marchand attachât aux paquets certaines marques invariables *(chops)*, sur lesquelles l'Européen pourrait compter à l'avenir. Le commerçant, disait-on, qui se serait fait un nom par ce procédé, disposerait par là beaucoup plus facilement de sa marchandise et vendrait ses soies plus avantageusement que celui qui procéderait sans chops. Ce système est suivi en Chine, où, à tout prendre, il a été couronné de succès.

C'est tout simplement le procédé pratiqué en Europe de marquer la soie d'une maison donnée, de son nom ainsi que de celui de la filature correspondante, dénomination sous laquelle la marchandise est connue et achetée en toute confiance. Si les Japonais s'étaient strictement conformés à cet avis salutaire, l'achat des soies aurait été énormément simplifié. Malheureusement les expériences faites dans les dernières années nous ont appris que le marchand indigène ne mérite aucune confiance, et nous sommes fondés à croire que les chops auraient par les manipulations des Japonais bien vite été aussi discréditées que les soies sans marques. De plus, on a donné le conseil de réduire la production des soies fines et de filer plus gros, ce qui offrirait beaucoup plus d'avantages au producteur, attendu que les soies fermes sont d'un emploi considérable dans la consommation indigène ; que pour les soies japonaises les plus fines il ne fallait pas employer moins de six à sept cocons, ce qui donne un titre de 14/18. La demande pour les soies à titres fermes qui régnait en Europe en 1872, pouvait seule justifier ce conseil, qui, aujourd'hui que ces soies-là sont négligées, a eu une influence très-fâcheuse; car tandis que l'année passée on accordait la préférence aux plus gros titres, on demande aujourd'hui les titres les plus fins.

Notre opinion est du reste que les grappes de la zone centrale sont appelées, par leur excellente nature, à entrer en concurrence avec les soies d'Europe, et que, par conséquent, elles doivent être filées à titres fins.

D'un autre côté, on a eu raison de dire que certaines races de cocons ne se prêtent guère au filage fin et que les Japonais, ainsi que cela se faisait anciennement, ne devraient employer les bivoltins que pour la confection des soies fermes [1].

Les conditions momentanées dans lesquelles se trouve le marché des soies de Yokohama exercent également une grande influence sur la qualité des soies du Japon. Les prix sont-ils élevés, les Japonais feront tous leurs efforts pour jeter au marché le plus de soies possible, en conséquence de quoi on file vite et mal; les prix sont-ils bas, on voit arriver le contraire.

---

[1] Pendant l'Exposition universelle de Vienne, M. Alex. Heimendahl, président de la Chambre de commerce à Crefeld et président du jury pour les soies, a adressé au ministre du Japon, résidant à Vienne, un rapport sur les soies japonaises, constatant avec une parfaite appréciation des choses la décadence actuelle des soies au Japon et suppliant le gouvernement de continuer énergiquement ses efforts pour remédier à ces graves inconvénients.

FILATURES A L'EUROPÉENNE

Le gouvernement du Japon, dans la bonne intention d'amener l'amélioration de la qualité des soies, a, dans ces derniers temps, cherché à introduire les appareils de filature européens par l'établissement de filatures-modèles, mais sans succès jusqu'à présent. Il a fait construire il y a deux ans, à Tomioka, une filature de trois cents bassines d'après le système français, placée sous la direction d'un Français, M. P. Brunat. L'organisation, par rapport aux bâtiments ainsi que par rapport aux machines, est parfaite, et cet établissement se place à côté de nos meilleures filatures européennes. Comme elle n'a commencé à fonctionner que l'année passée, on ne saurait encore porter de jugement sur ses produits. Toutefois, ce que l'on en a vu jusqu'à présent donne de fort belles espérances. Un nombre de bonnes fileuses françaises y sont occupées à instruire les jeunes filles indigènes.

La filature de soixante-dix bassines, construite par le ministère des travaux publics à Yédo, également organisée d'après le modèle européen, est, sous le rapport de l'exécution, de beaucoup inférieure à celle que nous venons de nommer, mais aussi elle a beaucoup moins coûté; et tandis que la première est située au centre d'un district séricicole des plus importants, cette dernière doit faire venir les cocons de l'intérieur et manque d'une bonne qualité d'eau ;

c'est pour cela que ses produits, bien qu'exempts des vices inhérents aux autres soies du Japon, laisse pourtant beaucoup à désirer sous le rapport du brillant et de la couleur.

Le directeur de cette filature, M. G. Muller, suisse, a le mérite d'avoir précédemment bâti une petite filature à Yédo pour le compte d'un négociant japonais, et une autre à Maïbash, pour le compte du prince de Maïbash. Les produits de ces deux établissements laissent malheureusement beaucoup à désirer depuis le départ de leur directeur et ne sont guère préférables aux soies japonaises moyennes.

Nous sommes loin de nier l'importance de l'introduction des machines européennes pour la filature du Japon, mais nous craignons la précipitation si la manie des changements dont les Japonais ont fait preuve devait s'emparer de cette branche. Nous sommes du reste convaincus que la détérioration des soies japonaises ne doit pas être attribuée aux appareils primitifs des indigènes, mais bien au manque de bonne foi de la part des commerçants du pays, et que les soies nouvelles, entre les mains de ces derniers, ne seraient pas moins maltraitées que les anciennes.

Nous rappelons ici le fait que le Japon nous a dans le temps fourni des soies supérieures, et nous pensons que, sans changer le moins du monde ses appareils de filature, il peut y arriver encore à l'heure qu'il est. Le seul conseil que nous ayons à lui donner, c'est de revenir pour le moment sur ses pas et de filer comme on filait au Japon il y a dix ans. Nous aurions alors une soie à laquelle la fabrique de l'Europe ne manquerait certainement pas de faire l'accueil le plus empressé.

Cependant une introduction *successive* de machines européennes pour la filature au Japon est indispensable et fort à souhaiter. Jusqu'à présent, il faut le dire, les industriels et les commerçants japonais ont montré peu d'envie d'imiter l'exemple de leur gouvernement ; car, quoique les grandes révolutions survenues dans l'industrie des soies aient fait comprendre aux Japonais la valeur du temps, le besoin de remplacer le travail manuel par celui des machines ne se fit pas encore sentir, tandis que, comme nous l'avons déjà fait voir, ils méditaient plutôt la détérioration que l'amélioration de leurs soies. L'introduction des appareils de filature européens aura pour résultat de faire disparaître finalement une partie des nombreuses sortes de soies de chaque zone japonaise et d'égaliser de plus en plus les qualités et les titres, ce qui simplifiera le commerce des soies et rendra celles-ci moins dépendantes des caprices de la mode. Nous recommandrions l'introduction de petites filatures de cinquante à cent bassines, comme les plus convenables aux besoins du Japon.

VIII

INFLUENCE DU GOUVERNEMENT ET DES CORPORATIONS
SUR LE COMMERCE

Il n'est que juste de reconnaître que le gouvernement du Japon s'est toujours montré assez disposé à écouter les suggestions des étrangers en matière de sériciculture et nous devons bien lui être reconnaissant pour l'énergie dont il a plus d'une fois fait preuve pour remédier aux maux qu'on lui signalait.

Cependant, d'un autre côté, la position du gouvernement japonais vis-à-vis du commerce nous autorise aussi à nous plaindre de ses allures.

Les procédés des Japonais, déjà mentionnés en parlant de Yédo, leur façon d'agir pendant les saisons des graines des trois dernières années et bien d'autres faits encore que nous avons à plusieurs reprises signalés dans le courant de cette étude, prouvent non-seulement que nous nous trou-

8

vons en présence d'une corporation astucieusement et
vigoureusement secondée et partout affiliée, réunissant soit
par l'intérêt, soit par la crainte, le monde commerçant
japonais, mais encore que cette corporation jouit aussi de
la faveur spéciale du gouvernement et que celui-ci participe même aux opérations de ces associations.

Considérant l'importance de ce sujet, nous avons fait
insérer ici le résumé d'un article du journal anglais *Japan
Weekly Mail*, publié à Yokohama. Cet article renferme en
effet la manière de voir de la majorité des négociants étrangers résidant au Japon et donne un aperçu fort clair de nos
relations de commerce, ainsi que de l'activité des corporations commerciales répandues par tout le pays et placées
sous la protection et l'influence directe du gouvernement.

Par suite de leur organisation, leur nombre et leurs lois, ainsi que
par l'énergie qu'elles mettent dans l'exécution des décrets rendus par
leurs supérieurs, les corporations du commerce japonais sont parvenues
à un degré d'influence et de puissance, avec laquelle les maisons étrangères sont forcées de compter. Le secret qui plane sur les actes de ces
corporations est si absolu, qu'il devient excessivement difficile d'en obtenir des renseignements quelconques. On sait assez que les corporations réunies de Yokohama disposent d'un capital fourni en plus grande
partie par des Japonais, en partie aussi par certaines maisons étrangères.
Ils font du crédit l'emploi le plus étendu, en émettant, avec l'approbation
gouvernementale, un papier-monnaie dont les Japonais se servent pour
couvrir les articles importés qu'ils achètent des étrangers. La preuve
que c'était là précisément le but de l'émission, c'est que les valeurs sont
en dollars mexicains, monnaie qui n'a point cours dans le pays et qui
sert exclusivement au trafic avec les étrangers établis dans les ports ou-
verts. Comme ces billets ne jouissent d'aucun crédit parmi les étrangers,
on ne manque jamais de les présenter aussitôt reçus. Néanmoins, ils remplissent leur but de procurer aux corporations un capital flottant. Si
c'étaient des associations d'un caractère privé ou des sociétés d'action-

naires sur le modèle de celles établies en Europe et en Amérique, nous n'aurions pas la moindre objection à les voir se mêler du commerce. Nous serions alors dans le cas d'applaudir sans arrière-pensée le principe de l'association et ses droits à développer les ressources du pays. Malheureusement ce n'est point là le but pour lequel les corporations furent fondées et pour lequel elles sont maintenues.

A leur arrivée au Japon, les médiateurs des traités furent frappés de la condition abjecte des commerçants indigènes et de leur dépendance vis-à-vis de leur gouvernement. A l'exception d'un petit nombre de marchands qui jouissaient d'un certain crédit comme agents employés par les daïmios et en conséquence d'une certaine importance sociale, la plupart étaient des détaillants et des entremetteurs, gagnant peu par un travail pénible. D'un autre côté, les fonctionnaires publics, mal payés par l'État, présumant selon leurs convenances, d'empêcher ou d'avancer les affaires, prélevaient la part du lion sur les profits des marchands. Peu d'affaires étaient possibles à l'insu ou sans l'aveu des employés gouvernementaux, voilà pourquoi la classe des petits marchands ne se composait que d'individus dont l'influence sociale se trouvait être en rapport avec leurs idées étroites sur le commerce.

Les diplomates chargés de conclure les traités, ayant observé cet état de choses, jugèrent qu'il était dans l'intérêt du commerce de tirer les commerçants indigènes de cette situation et l'on stipula dans tous les traités que les relations des commerçants étrangers avec les indigènes se feraient à l'avenir sans l'intervention d'un employé du gouvernement. Il est très-regrettable que cette condition qui forme pour ainsi dire la base de nos relations commerciales avec le Japon, soit restée de fait une lettre morte. Tâchons de savoir comment les Japonais ont réussi à éluder la lettre en même temps que l'esprit de ces traités.

Les Japonais, se voyant par la stipulation ci-dessus placés dans une position qui ne leur allait guère, n'ont jamais eu l'intention d'abjurer leurs anciennes erreurs. Sous le sceau du secret (qui a présidé et qui préside toujours à tout ce qui se fait ici, pour peu que la chose soit possible), le privilége de s'établir à Yokohama, dans le but de se mettre en relations avec les étrangers, se vendait fort cher par le gouvernement du pays. Voilà déjà une rupture des traités, attendu que personne ne peut s'établir à Yokohama sans un permis du gouvernement. (Nous en avons eu récemment un exemple frappant : dans le cours d'un différend vidé devant le consul anglais, un témoin japonais a déposé que lui seul à

Yokohama possédait le privilége de vendre du foin aux palefreniers des étrangers.) Une fois établi à Yokohama, le marchand se mettait de la corporation à laquelle appartenait son métier.

A l'origine, la corporation de Yokohama n'était qu'une succursale de celle de Yédo. Mais à mesure que le commerce prenait des proportions plus étendues, le besoin de fonder un comptoir indépendant à Yokohama se faisait sentir. La chose eut lieu il y a quelques années. Les maisons japonaises intéressées à cette fondation, commencèrent avec un capital fourni, ainsi que nous avons déjà dit, en partie par le gouvernement, en partie par les négociants indigènes et même étrangers. Voilà comment le commerce de Yokohama est devenu entre les mains du gouvernement japonais un monopole colossal.

L'exploitation de ce comptoir se trouve confiée aux mains de quelques fonctionnaires et commerçants.

Cette corporation exerce par ses opérations une influence d'autant plus grande qu'elle possède toujours sur le commerce de l'intérieur les rapports les plus exacts. Au moyen des corporations de l'intérieur qui y exercent la même influence, elle peut supprimer, réduire ou augmenter la demande des exportations et des importations. C'est aussi cette même institution qui fixe le prix auquel les sociétés affiliées vendront leurs produits ou achèteront ceux des étrangers. Elle fait au marchand japonais des avances sur ses marchandises, elle perçoit pour le gouvernement les impôts qu'il reçoit sous forme de produits.

On voit par ce qui précède combien le gouvernement est lié avec les corporations, ces liens ne sauraient être plus étroits, puisque les intérêts sont identiques. C'est ce qui explique en effet la docilité que les succursales mettent à se conformer aux décrets des corporations; elles savent bien que tous les arrêtés des directeurs sont sanctionnés par le gouvernement et que la résistance entrainerait un risque personnel. Les autorités japonaises ont toujours montré un penchant décidé pour l'exercice du commerce. Les entreprises commerciales des anciens princes sont très-connus, ils avaient leurs navires à eux, et leurs opérations ne se bornaient point au pays mais s'étendaient jusqu'en [Chine. — Sous l'ancien régime des Daïmios aussi bien que sous le régime actuel du Mikado, la vente des produits était et se trouve être entre les mains du chef de l'état, le Daïmio d'alors était un commerçant tout comme le souverain d'à présent.

Cet article se termine par quelques conseils donnés aux

étrangers, faisant valoir surtout la nécessité de faire usage de moyens extraordinaires vis-à-vis d'une si puissante association. Il reproche aux maisons établies à Yokohama leur manque d'union et leur recommande une alliance du même genre. Nous pensons qu'une telle fédération ne saurait être durable là où le commerce, habitué à marcher sans entrave, ne cherche et ne trouve son salut que dans la liberté [1].

On sait que le gouvernement japonais entre souvent en négociations avec des marchands indigènes, pour se faire avancer en argent comptant l'équivalent des impôts qu'il perçoit en produits. Ces relations se développent et deviennent souvent très-intimes, ce qui explique en même temps l'estime dont plusieurs négociants japonais jouissent auprès de leur gouvernement.

Pour les étrangers qui, à l'intérieur, ont pu voir de leurs propres yeux les marchands japonais aller chercher dans

---

[1] Dans la saison des soies actuelle on a de nouveau pu s'apercevoir de l'influence que ces corporations exercent sur le commerce. La tare pour les soies pliées en grappes n'avait pas été fixée jusqu'à présent, parce que les papiers qui servaient au pliage variaient fortement; il paraît que depuis l'année passée, cela a été changé et que maintenant tous ces papiers sont du même poids. Là-dessus les marchands japonais déclarèrent soudainement qu'à l'avenir ils ne donneraient pas pour ces soies plus de 2 1/2 0/0 de tare, sans aucune bonification pour l'humidité. La Chambre de commerce élut un comité qui était chargé de faire entendre raison aux Européens et de leur proposer un arrangement impartial. Le Ki-ito-aratame-kaïscho, — une corporation à laquelle tous les marchands de soie japonais sont *forcés* d'appartenir, — déclara nettement au comité qu'elle ne ferait point de concessions. Comme dans l'intervalle il y eut de meilleures nouvelles des marchés de soie d'Europe, quelques Européens se remirent aux achats, se soumettant en même temps aux nouvelles conditions, et les Japonais remportèrent ainsi la victoire, comme cela leur était arrivé bien des fois auparavant. La Chambre de commerce remit alors cette affaire entre les mains des ministres en appelant leur attention surtout sur ce que plusieurs marchands japonais avaient été désireux de vendre aux anciennes conditions, mais qu'ils n'avaient osé par peur de la Kaïsho; que, par conséquent, cette corporation exerçait une influence préjudiciable aux intérêts du libre-échange.

le bureau gouvernemental de leur localité les sommes né-
cessaires à leurs achats, il n'y a plus de doute que le gouvernement ne soit directement intéressé dans les opérations
des sociétés ou des négociants japonais.

Il est possible que le système primitif d'impôts qui existe
au Japon force le gouvernement à prendre, vis-à-vis du
commerce, par égard pour ses finances, l'attitude que nous
venons de dessiner. Si c'était le cas, nous souhaitons vivement qu'il introduise aussi dans cette branche des innovations qui lui permettent de poursuivre vis-à-vis du commerce les mêmes tendances libératrices qui le guident
depuis quelques années dans d'autres branches.

Le libre échange est le point de mire de tous les traités
depuis 1858. Mais cette concession, le gouvernement japonais l'a plus d'une fois gravement compromise. Au renou-
vellement prochain des traités, il sera, selon nous, de la plus
haute importance de redresser les torts dont nous venons de
parler. C'est là, nous le pensons, une question bien autrement importante que la réduction des tarifs ou toute autre
faveur à obtenir du Japon.

———

TROISIÈME PARTIE

L'INDUSTRIE DE LA SOIE

AU JAPON

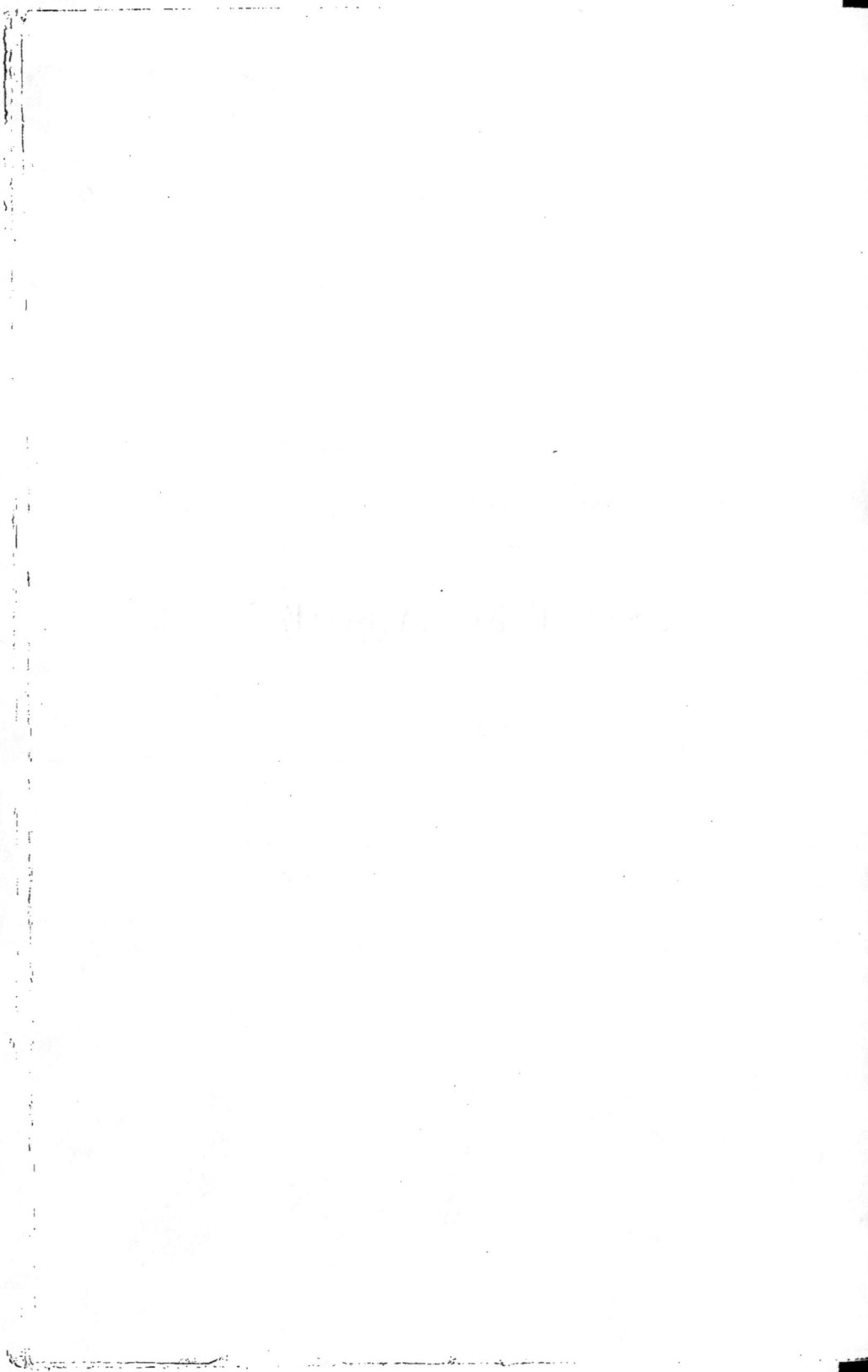

1

LES SIÉGES ET LES PRODUITS PRINCIPAUX
DE LA FABRIQUE JAPONAISE

———

Il nous reste à parler de *la fabrication des soieries indigènes*.

Ainsi que nous l'avons dit plus haut, cette industrie, depuis l'origine de l'exportation des soies, a diminué beaucoup et dépendra toujours des fluctuations de cette dernière. Quand les prix du marché seront élevés, elle se verra privée d'une bien plus grande quantité de marchandises que lorsque l'état du marché lui permettra de nous faire concurrence. Quant à l'importance de la manufacture indigène, nous renvoyons à ce que nous en avons déjà dit.

Du reste, ses produits n'étant pas connus dans le commerce avec les Européens, nous manquons de données précises.

Les détails suivants nous ont été fournis soit par nos expériences personnelles, soit par les communications de fabricants japonais et de spécialistes. Nous savons assez que ces dernières doivent être reçues avec précaution.

Les manufactures les plus anciennes du Japon sont à *Kioto*, dans la province de *Yamashiro*, ancienne résidence du mikado et pendant longtemps le siége le plus important du tissage. Il paraît cependant que depuis la naissance d'autres centres industriels, surtout depuis que Kiriou, dans la province de Djoshiou, a joui d'une prospérité croissante, Kioto a perdu et a été dépassé pour bien des genres de tissus par l'industrie de Kiriou. La fabrique de Kioto s'est installée soit dans ses faubourgs, soit dans les environs, le nombre des ouvriers est porté à 18,000, celui des métiers à 6,000, la valeur des étoffes fabriquées à 20 millions de rios, la quantité de soies employées à 6,000 balles de 50 kilogr.

Les plus belles et les plus lourdes étoffes brochées d'or du Japon proviennent de Kioto. Ces étoffes, appelées *Nishiki*, ont fait l'admiration du jury international à l'Exposition de Vienne, et quelques-uns de ses membres les plus compétents ont déclaré que ni la France, ni l'Allemagne ne seraient capables d'en faire voir autant. Au lieu de fils de métal, on se sert pour ces tissus au Japon de fils de soie moulinés avec du papier doré, qui néanmoins sont d'une solidité extraordinaire.

Une autre spécialité de Kioto sont les *Kanokosha-Chirimén*, les crêpes mamelonnés et ondulés Ces élévations et le bord blanc qui les entoure sont produites en ménageant dans le tissu des ligatures de fil espacées d'un pouce ou davantage. On trempe et teint le tissu ensuite, puis on ôte les ligatures. La contraction résultant du bain que l'on a fait subir aux crêpes se produit autrement sur la surface de la pièce que dans les places séparées par des ligatures, et, le fil ôté, il reste une élévation en forme de coupole, qui, là où le fil a empêché la couleur de percer, se trouve entourée d'une couronne blanche.

Homa Youzénomi est un tissu à dessin coloré qui ne se confectionne également qu'à Kioto.

Haboutaï est un tissu simple sans dessin, le plus souvent blanc, servant pour les vêtements des princes et fabriqué avec la plus belle soie du Japon.

Kouzou-ito-no-tsoumoungi, tissu de déchets de soie. Souvent dans ces tissus on broche des raies de soie Yamamaï. Après avoir teint toute la pièce, les raies Yamamaï, qui ne prennent pas la couleur, forment le dessin. La même chose se fait pour les *Yamamaï-Chirimén*. C'est dans ces deux articles que la soie Yamamaï est surtout employée au Japon.

Hakata-obi, ceintures de soie, lourdes et fortes de bonnes qualités.

Les belles soies Yamamaï s'emploient surtout à Kioto.

L'industrie teinturière de Kioto est surtout célèbre par son rouge et teint en cette couleur beaucoup pour d'autres villes manufacturières.

On dit que la fabrique de *Kiriou*, dans la province de *Djoshiou*, ne date que depuis deux cent cinquante ans. Le nombre des ouvriers est beaucoup plus petit qu'à Kioto, parce que la fabrication des qualités lourdes est moins importante et que, pour la confection d'étoffes légères et unies, il suffit d'un homme par métier. La fabrication des *crêpes (chirimén)* et de *légères étoffes unies* est très-importante et l'on dit qu'elle représente une valeur égale à la valeur totale de la fabrique de Kioto. La fabrication du fil de crêpe sera traitée en détail quand nous parlerons des appareils de moulinage. Quant aux manipulations ultérieures du tissu, les voici en substance : on lave un peu le tissu dans l'eau courante froide, on le baigne aussitôt après dans l'eau chaude, puis on le relave dans l'eau froide courante et le fait sécher à demi ; la pièce encore humide est enroulée sur un rouleau de bois où elle reste à peu près une heure, sur quoi elle s'enlève du rouleau et se sèche à fond au grand soleil. Grâce à ces procédés se succédant rapidement, les fils moulinés en sens opposé se rétrécissent et forment le crêpe. Le rétrécissement du tissu est de 20 à 30 0/0. Il y a une infinité de crêpes dont la fabrication varie dans ses détails ; cependant ce que nous venons de dire constitue les manipulations fondamentales de l'industrie des crêpes.

A Kiriou, on fabrique en outre des ceintures de femme, *Koyanagi-obi*, en satin fort ; de même *Donsou-obi*, ceintures de femme en damas ; *Shima-chirimén*, crêpe rayé, etc.

Voici d'autres foyers industriels.

Dans la province *Tango*, les villes de *Tanabé* et de *Miasou*, fabriquent surtout des *chirimén*.

Dans la province *Goshiou*, la ville de *Nagahama*, industrie principale : *velours et chirimén*.

Dans la province *Mino* : *Gifou*.

Dans la province *Koshiou* : *Gounaï*.

Dans la province *Mousashi*, la capitale de *Yédo*, où l'on *imprime* principalement les étoffes de soie, et les villes de *Hachodji* et *Tsitshibou*. Dans cette dernière, on fabrique surtout des *étoffes rayées* pour doublures.

En *Djoshiou*, nous trouvons, à côté de *Kiriou*, les villes manufacturières de *Maïbash*, *Yoshii*, *Takasaki*, *Isésaki*. Dans ce dernier endroit, on fabrique beaucoup de *tissus de déchets*.

Dans la province de *Shimozouke*, nous avons *Ashkanga*, célèbre par ses *imprimeries*.

Dans la province de *Rikousen*, la ville de *Sendaï*.

Dans la province d'*Ouzen*, la ville d'*Yonésawa*, avec une fabrique très-importante d'*étoffes à vêtements*.

En *Oungo*, nous trouvons la ville d'*Akita*, avec une fabrique du même genre qui n'est pas insignifiante. Beaucoup d'entre les officiers de l'ancien prince d'Akita se sont, depuis la révolution qui a dépossédé leur prince, adonnés à la sériciculture et à l'industrie de la soie, et quelques-uns d'entre eux possèdent à l'heure qu'il est des établissements très-considérables.

Dans la province de *Kanga*, on fabrique des étoffes de soie à *Kanasawa*, à *Daïshiodji* et à *Komaz*.

Dans l'île de *Kioushiou*, province de *Tshikousen*, on fabrique les *Hakata-obi*, ceintures de soie, lourdes, reconnues être les meilleures de tout le Japon.

Par la concurrence de Yokohama pour les bonnes sortes de soie, la fabrique indigène se voit forcée d'ouvrer plutôt les qualités inférieures.

Outre les soies Sinshiou et Oshiou, qui s'emploient exclusivement pour chaîne, les soies Hamazki et les soies blanches de la zone australe forment le contingent principal de cette fabrique. Dans les crêpes, la chaîne est ordinairement en soie Oshiou ; dans les ceintures de satin, le plus souvent en soie Sinshiou. Dans les velours, la chaîne supérieure est en bonne soie Hamazki, la chaîne inférieure en soie Nambou, la trame en Hamazki de mauvaise qualité.

En général, les fabricants japonais, en combinant chaîne et trame, savent très-habilement tirer parti des natures si variées des soies japonaises.

MAIN-D'ŒUVRE. — PARTAGE DU TRAVAIL

Quant au salaire des ouvriers, on nous dit qu'un très-habile ouvrier d'Hakata-obi gagne 20 rios par mois, son patron lui fournissant en outre la nourriture. Une tisseuse de crêpe ordinaire reçoit 15 rios par mois et tisse, dit-on, 20 pieds par jour sur une largeur de 1 pied 8 soung [1].

Une aide aux bobines de trame gagne de 7 à 8 rios par

---

[1] 1 pied japonais à 10 soung = 0,38 mètres.

mois. Les heures de travail vont, en été, de six heures
du matin à six heures du soir; en hiver, de huit heures du
matin à dix heures du soir. Cependant le tisserand n'est
pas tenu d'observer les heures, dès qu'il a fini l'ouvrage
stipulé pour la journée. Des ceintures sans fil d'or, longues
de 13 pieds japonais et larges de 2 pieds 3 soung, se tis-
sent, nous dit-on, en trois jours; avec fils d'or, en sept
jours. Une ceinture d'homme de la même longueur et large
de 6 soung, sans dessin de trame, se confectionne, dit-on,
en un jour.

Les hommes s'occupent principalement du moulinage et
du tissage des étoffes lourdes qui exigent deux hommes par
métier, de même de la teinture, tandis que les femmes tis-
sent des chirimén, des haboutaï et des ceintures d'homme.
La préparation des bobines de trames et le nettoyage de la
chaîne se fait par de jeunes filles. On prétend que le nombre des femmes ouvrières est égal à celui des hommes.

MAGASINS D'ÉTOFFES

Les localités affectées à la vente des tissus de soie japonais ont, à Kioto, Osaka et Yédo, souvent des proportions
très-grandes et peuvent se comparer aux premiers établissements de ce genre connus en Europe.

II

LES APPAREILS DE FILATURE ET DE TISSAGE
AU JAPON

Malgré l'importance du Japon comme pays séricicole, les progrès techniques de la filature de soie lui étaient restés inconnus jusqu'en 1872. A cette époque, se construisit à Tomioka la première filature montée à la française et, dans la même année, une autre à Yédo. De ces deux établissements, le premier compte, comme nous avons vu, trois cents bassines, dont jusqu'à présent il n'y a qu'une centaine qui fonctionnent; le second est de soixante-dix bassines. La production totale actuelle de ces deux filatures peut être portée à une trentaine de mille livres par an. Les simples appareils que les premiers sériciculteurs avaient utilisés servent donc encore aujourd'hui à la presque totalité de la production des soies écrues au Japon.

Les soies japonaises paraissant aux marchés d'Europe dans les premières années qui suivirent l'ouverture de ce pays ne trahissaient nullement le système primitif dont on se servait pour filer la soie ; et quant aux produits du tissage, ils paraissaient tout à fait à la hauteur de l'industrie moderne de l'Occident. L'application, l'habileté et surtout une large dépense de temps avaient, dans ces pays fermés à notre civilisation, obtenu des résultats peu inférieurs à ceux que nos industries doivent au progrès de la science. Tout cela, comme nous l'avons dit, ne tarda pas à changer après l'ouverture du pays. La hausse subite des prix tourna l'attention des éleveurs vers la production en masse, l'ouvrier apprit à connaître la valeur du temps et, encouragé par les négociants étrangers qui payaient largement une marchandise de peu de mérite, il ne visa plus qu'à augmenter sa capacité productive, même aux dépens de la qualité du produit. Nous verrons donc que les appareils et machines dont nous allons donner la description, quoique toujours d'un usage à peu près général dans la filature et le tissage du Japon, sont bien loin de répondre aux exigences du moment et ont grand besoin d'une amélioration. Celle-ci, cependant, ne pourrait sans danger se faire précipitamment, comme toutes les innovations se font au Japon dans ces derniers temps, et ce n'est qu'avec la plus grande prudence qu'il faudrait s'y mettre. C'est aussi aux imperfections de ces appareils qu'il faut, dans une certaine mesure, attribuer les défauts de la soie japonaise, qui l'empêchent de prendre sur les marchés de l'Europe le rang qui conviendrait à ce magnifique produit. Cette même cause a jusqu'à présent rendu presque nulle l'exportation des tissus de soie japonais.

Procédons maintenant à la description des *appareils* et *machines* employés par *la filature* et *le tissage* de la soie au Japon, qui, servis par des ouvriers japonais, ont fonctionné à l'Exposition universelle de Vienne, faisant partie de la section du consul général du Danemark, M. Édouard de Bavier, à Yokohama.

FILATURE

La fig. 1 de la pl. 1 nous offre l'appareil de filature employé en Djoshiou, particulièrement aux environs de Maïbash. Le dessin montre la fileuse ramassant les bouts de soie à l'aide d'une petite baguette d'osier. Un fourneau en bois revêtu en dedans d'une couche d'argile brûlée *a* porte la bassine en fonte *b*; l'ouvrière accroupie devant le fourneau met, pour commencer son ouvrage, dans la bassine remplie d'eau chaude un certain nombre de cocons et dès que l'eau, par la braise du fourneau, a été portée à la température suffisante, elle fouette les cocons avec un faisceau de paille de millet ou une baguette d'osier, jusqu'à ce que la mollification de la substance gommeuse soit assez complète pour lui permettre de ramasser les bouts des cocons avec son faisceau de paille ou sa baguette. On commence communément par ôter l'enveloppe extérieure qui fournit un déchet de soie connue dans le commerce sous la dénomination de *Kibizzo*. — Ensuite les bouts réunis dans la main sont tordus ensemble et portés sur un dévidoir *c*, placé à la droite de l'ouvrière, sur lequel on dévide le déchet de soie nommé *Noshi*, qui sert à la confection de tissus ordinaires. Dès que la soie pure se présente, on coupe le grossier fil de Noshi, on réunit les bouts de soie pure ainsi obtenus et on les attache à une partie de la bassine.

Les guindres *dd*, destinés à recevoir la soie, se trouvent à la gauche de l'ouvrière ; dans le district que nous avons nommé, ils sont pour la plupart à quatre bras et ont 51 centimètres de circonférence.

L'ouvrière alors détache, selon le besoin, un certain nombre de fils de cocons d'entre les bouts déjà mentionnés, et en les passant ensemble sur la baguette de bambou courbée *e*, à travers les boucles de cheveux *ff*, dont on n'emploie qu'un seul cheveu à la fois, elle les fait passer sur les conducteurs *gg*, qui règlent le va-et-vient du fil, et de là les fixe sur le dévidoir correspondant. Les deux dévidoirs se trouvent sur un axe commun et se meuvent à l'aide d'une manivelle transmettant son mouvement à l'axe moyennant un engrenage ; une habile ouvrière les emploie simultanément, tandis que l'ouvrière moins exercée n'utilise qu'un seul dévidoir.

Les bouts de cocon en passant ensemble sur la baguette *e*, les boucles *ff* et les conducteurs *gg* parviennent à former un fil commun qui arrive ainsi au dévidoir avec une légère torsion.

Un fil de cocon vient-il à se casser, l'ouvrière le remplace par un autre. C'est à la négligence fréquente dans cette opération qu'il faut attribuer en grande partie l'inégalité de plus d'une qualité de soie japonaise. Souvent le nouveau bout se réunit au fil de manière à en laisser l'extrémité détachée, ou bien on ne s'aperçoit de la rupture que lorsqu'elle a eu lieu dans plusieurs bouts de cocon ; dans cette dernière éventualité, on réunit souvent d'un seul coup plusieurs nouveaux bouts, de sorte que le fil montre de grandes inégalités.

Dans la province d'Oshiou, on emploie des dévidoirs du genre des fig. 2 et 3. Le premier dévidoir de six bras a 43 centimètres de circonférence et se meut à l'aide d'une manivelle et de quelques poulies à cordes. La figure montre en même temps le mécanisme primitif qui donne le mouvement de va-et-vient au conducteur du fil. Pour une autre sorte de soies Oshiou (surtout pour les Oshiou-Ilamazki), on emploie le dévidoir à rouleau extrêmement primitif représenté sous fig. 3. Ici l'ouvrière met en mouvement le cylindre a, d'une circonférence de 26 centimètres, en le frappant de la main droite, et conduit le fil avec la main gauche. Ici l'enveloppe extérieure du cocon ne passe pas sur un dévidoir, mais elle est ôtée à la main.

Quelquefois, dans les établissements où plusieurs ouvrières sont occupées, les cocons s'amollissent par fournées dans de grandes chaudières remplies d'eau bouillante pendant cinq minutes environ, pour être distribués ensuite aux ouvrières, procédé qui n'est guère jugé bon.

On dit qu'une dévideuse habile produit en moyenne 300 grammes de soie par jour ; la journée est généralement de neuf à douze heures, tandis que le salaire de la fileuse varie dans les différentes provinces, selon la capacité de l'ouvrière, de 10 à 15 rios (56 à 84 fr.) par mois ; avec cela les ouvrières ont la table et reçoivent de plus, durant la saison, des cadeaux équivalents à 5 rios.

REDÉVIDAGE

Pour opérer la séparation des fils qui, sur les premiers dévidoirs, sont collés les uns contre les autres, parce que la courte distance entre la bassine et le dévidoir ne permet pas aux fils de sécher avant d'arriver sur le dévidoir, et pour plier la soie à la forme qu'elle devra recevoir pour le commerce, celle-ci se dévide sur des petits dévidoirs cités plus haut ; d'autres d'une plus grande circonférence, mesurent généralement 44 centim. Cette opération (*re-reeling*, *redévidage*), par laquelle, en mouillant toujours la soie, on détrempe en même temps la substance gommeuse des costes, se fait sur la machine fig. 4, dont notre dessin fait bien voir la composition. La soie destinée à l'exportation se plie diversement dans les différents districts séricicoles, soit en paquets serrés, soit en écheveaux ficelés (v. pl. A). Si, au contraire, le produit doit s'ouvrer dans le pays même, il passe d'abord sur le dévidoir *a* de l'appareil représenté par la fig. 5, pour retourner de là aux petits dévidoirs à quatre bras *b*. La circonférence des dévidoirs *a* se forme par des

cordons de coton attachés aux bras du dévidoir. Le fil passe
par les conducteurs en baguettes de bambou sur les dévidoirs à quatre bras *b*. Les cadres des dévidoirs *a* et des conducteurs se meuvent vers le bas dans des rainures en sens
droit et gauche et s'y déplacent selon les besoins de l'ouvrier.

DOUBLAGE

Les petits dévidoirs passent ensuite au *métier à doubler*, fig. 1, pl. II. Ici les fils sont réunis au moyen des
anneaux de porcelaine *a*, selon leur destination ultérieure,
par deux à six fils, guidés, à l'aide de la baguette *b*, par
l'ouvrier, de la façon indiquée dans notre dessin, sur la
coque de bobine *c*, qui, par la manivelle *g*, la transmission
d'engrenage *d e* et la poulie à cordon *f*, reçoit une rotation
rapide. Sur les bobines ainsi formées, les fils de soie se
trouvent placés parallèlement les uns aux autres.

MOULINAGE

Les fig. 2 et 3 de la même planche montrent le moulinage qui sert à faire l'organsin aussi bien que la trame.
Les bobines se fixent sur les fuseaux *b*, assujettis aux cadres
obliques *a*, fig. 3; elles reçoivent, ainsi que le dévidoir *d*,
leur rotation par la roue de moulinage *e*, mue au moyen
d'une manivelle, de la façon indiquée sous fig. 2. Le fil
passe de la bobine, par les anneaux de bambou *g*, qui sont
enfilés par les baguettes du cadre *f*, et par-dessus le con-

ducteur *h* sur le dévidoir lui-même qui, en général, a
110 centim. de circonférence. Le conducteur du fil se
compose d'un bâton en bois, demi-rond, où sont fixés de
petits arcs de bambou empêchant les fils de se réunir. La
baguette glisse sur la partie supérieure du cadre et reçoit
son mouvement par un cylindre *i*, muni d'une entaille.
(Voy. fig. 2). Pendant le moulinage, la soie est toujours
maintenue humide et, dans ce but, arrosée d'eau, qui
s'écoule par-dessus la planche du cadre et s'amasse dans le
creux de bambou formant le fond du cadre.

Quand une certaine longueur de fil est envidée, l'indicateur, muni d'une sonnette, en avertit l'ouvrier, tandis que
la chute d'un anneau de bambou le rend attentif à la rupture d'un fil.

La trame pour les étoffes de crêpe reçoit, comme on sait,
une torsion très-forte ; de plus, dans le tissu, deux fils
tordus à droite alternent avec deux autres tordus à gauche.
Ces données sont remplies par un appareil représenté par
la fig. 2, moulinant les fils de trame pour crêpe. Il meut en
même temps deux dévidoirs d'une circonférence de 30 centimètres seulement.

Chacun des fuseaux doubles passés dans les cadres *a a*
porte à droite et à gauche du pivot une bobine, d'où part le
fil vers le dévidoir correspondant. Ainsi, tandis que l'un
des deux dévidoirs reçoit la soie moulinée à droite, sur
l'autre un fil est envidé, qui a reçu son moulinage en
sens contraire. La roue de moulinage et le pivot ayant les
mêmes dimensions qu'auparavant, les fuseaux offrant par

conséquent la même vitesse, tandis que, dans un temps
donné, un fil plus court est envidé, il s'ensuit que sur un
centimètre de longueur il y a un plus grand nombre de
rotations.

Les deux cadres *ff* diffèrent un peu de ceux de la fig. 3.
et le fil passe ici par deux anneaux de porcelaine qui sont
placés aux deux côtés de baguettes fendues et soutenues
par le fil même, de sorte que quand celui-ci se casse.
l'ouvrier en est averti par les anneaux qui tombent. Les
principaux défauts des deux appareils que nous avons
décrits consistent d'une part dans la construction fautive de
la roue de moulinage. qui ne permet pas une rotation égale
du fuseau, d'autre part. dans la façon primitive de trans-
mettre le mouvement au dévidoir.

Le moulinage est suivi d'un nouvel envidage sur les petits dévido rs à quatre bras. Cette opération se fait au moyen
de l'appareil déjà mentionné à la fig. 5, pl. I, où les grands
dévidoirs sont remplacés par d'autres un peu plus solidement construits (voy. fig. 6 de la même planche). Quelquefois, surtout pour les fils plus forts, chaque écheveau s'en-
vide séparément sur l'appareil représenté fig. 4, pl. II, ce
qui permet de régler à la main la tension du fil, selon les
exigences du moment.

TRINGLE — BOBINES DE TRAME

La fig. 1. pl. III, représente le tringle; la fig. 2 de la
même planche, l'appareil pour envider les bobines de trame

ordinaires ; la fig. 3, la manière d'envider la trame des tissus de crêpe sur les bobines mues de la même manière.

MAWATTA

Avant de passer au tissage, nous dirons un mot de l'opération qui a lieu pour ouvrer et filer ensuite les cocons défectueux, percés et doubles pour en faire de l'ouate de soie (*mawata*). Les cocons des espèces citées se trempent à fond dans une eau mêlée de cendre de bois ou de cendre de paille de riz, ensuite ils s'ouvrent à la main pour être délivrés des chrysalides ; puis la soie de chaque cocon s'étend avec le pouce et le doigt indicateur des deux mains en toison carrée, qui est transposée, de la manière représentée fig. 4, sur les bouts de quatre baguettes ou clous fixés dans une planche oblique.

Après avoir ainsi, toison sur toison, transporté au cadre la soie de vingt à soixante cocons, on les laisse sécher, puis l'ouate ainsi obtenue est tantôt employée comme telle pour doubler les habits, etc., ou bien elle est filée à la main (voy. fig. 3) et fournit ainsi un grossier fil de déchet qui s'emploie dans la fabrication d'étoffes ordinaires.

MÉTIERS A TISSER

La fig. 1, pl. IV, représente le montage de la chaîne ; la fig. 2, le métier servant à produire des tissus façonnés. Ce dernier, comme le métier chinois, diffère peu dans son principe du métier de Semple, usité anciennement en Europe.

Les baguettes transversales *a*, auxquelles sont assujettis les cordons *b*, remplacent le bâton du Semple:

Les cordons sont séparés selon les exigences du dessin par les lattes horizontales *c*, que le garçon tireur, assis au-dessus de la chaîne, tire à lui, l'une après l'autre, dans la direction du fil de trame, opérant ainsi l'élévation des cordons et en même temps celle des fils de chaîne correspondants. Le cadre *d* supporte le panneau, qui se compose d'un grillage formé de baguettes en bambou, dont les ouvertures laissent passer les cordons dirigés par des baguettes en bambou. La conduite du battant suspendu au rouleau *f* se fait d'en bas au moyen du cadre *gg*, tournant autour de l'axe *e*, arrangement qui, en conséquence de la plus grande dépense de force requise pour battre, doit se considérer comme tout à fait désavantageux. Ajoutons encore, comme un détail curieux dans le métier japonais, que l'ouvrier travaille des deux pieds pour le foulage, que les remisses n'ont ni maillons ni nœuds, les lisses de dessus et celles de dessous étant tout simplement entrelacées, que, par conséquent, le fil de la chaîne destiné au tirage court par la remisse au-dessous du point de contact des deux lisses, le fil de la chaîne à lever au-dessus de ce point; qu'enfin le peigne est fait en minces baguettes de bambou, la navette, non pas en fer comme en Chine, mais en bois. Notons comme avantageuse dans le métier si primitif du Japon la distance toujours considérable entre le rouleau de chaîne et le rouleau de pièce, ce qui tend à faciliter le maintien de la propreté dans la chaîne.

La fig. 3, pl. IV, représente un simple métier japonais

dont se servent les habitants du pays pour la fabrication des tissus de déchet. Ainsi que cela se voit par la figure, la chaîne est divisée par le prisme trilatéral *aa* en ce sens que chaque fois un fil se place au-dessous, un autre au-dessus de ce prisme. La partie inférieure de la chaîne est seule prise dans la remisse, tandis que la partie supérieure passe librement à travers la remisse et le peigne affranchi de toute conduite. Pour le levage de la remisse suspendue aux deux baguettes *c*, tournant autour de l'axe *d*, l'ouvrière retire son pied droit engagé dans une corde qui tient au bout du levier *e*, assujetti à son tour à l'axe *d*. Le rouleau de pièce est attaché aux deux bouts d'une sangle *f*, que l'ouvrière se passe autour du corps, tandis que la tension de la chaîne dans le sens de sa largeur est obtenue par un arc de tension attaché au revers de l'étoffe.

CONCLUSION

Nous ajouterons que, dans tout le nord du Japon, nous avons vu des appareils encore bien plus primitifs que ceux que nous venons de décrire. Nous étions souvent étonnés des étoffes magnifiques produites à l'aide de machines si primitives, étoffes que seuls avaient pu produire le goût, la diligence et la persévérance de l'ouvrier, et nous avons dû nous dire que, sous bien des rapports, l'ouvrier japonais dépassait le nôtre.

III

LES SOIES ET SOIERIES JAPONAISES
A L'EXPOSITION UNIVERSELLE DE VIENNE

Il n'est peut-être pas sans intérêt pour nos lecteurs d'apprendre comment le jury international de l'Exposition universelle de Vienne a jugé les soies et soieries exposées dans la section du Japon. L'auteur, nommé membre du jury par la représentation de Chine, et chargé en même temps des intérêts du Japon, est en mesure de fournir les détails suivants touchant la distribution des médailles [1].

[1] Les objets exposés dans la section du Japon provenaient en partie de marchands japonais, en partie du gouvernement. Le seul exposant européen, M. Édouard de Bavier, avait déclaré hors de concours son exposition de soies et soieries.

SOIERIES

Voici les exposants distingués pour *soieries :*

Moyo-sha a Kioto. — Compagnie pour la confection d'étoffes façonnées, fabrication de premier mérite. Beaucoup de goût dans l'assortiment des couleurs et des dessins. — *Médaille pour le Mérite.*

Sha-ori-sha a Kioto. — Compagnie pour la fabrication de gazes. Grande égalité dans le tissu. — *Médaille pour le Mérite.*

Birodo-sha a Kioto. — Compagnie fabriquant des velours. Ce tissu fut trouvé de beaucoup inférieur aux autres soieries exposées par le Japon. — *Mention honorable* [1].

Natz-ye-sha a Kioto. — Compagnie fabriquant des étoffes d'été. Ces étoffes présentent peu d'intérêt pour l'Europe et sont d'ailleurs faciles à fabriquer. — *Mention honorable.*

Haboutaï-sha. — Compagnie fabriquant l'étoffe dite *haboutaï.* Les tissus blancs unis de cette Compagnie furent trouvés si beaux que le jury crut d'abord que les étoffes exposées avaient été faites en vue de l'Exposition et que des étoffes de cette régularité ne se fabriquent pas en gros; mais il ne tarda pas à se convaincre du contraire. — *Médaille pour le Mérite.*

---

[1] Cet article jouant un grand rôle en Europe, on voulait y diriger l'attention des Japonais et les encourager à le perfectionner.

KINOURAN-SHA A KIOTO. — Compagnie fabriquant des brocarts. Le petit nombre de pièces d'ailleurs fort belles figurant à l'Exposition ne pouvait donner une idée suffisante des capacités de la Compagnie. — *Mention honorable.*

KO-OBI-SHA. — Compagnie fabriquant des ceintures d'après d'anciens dessins. Bonne fabrique, mais offrant peu d'intérêt pour l'Europe. — *Mention honorable.*

TSOUSOURÉ-SHA. — Compagnie fabriquant des étoffes brochées. Fabrique éminente et bon goût de couleurs et de dessins. — *Médaille pour le mérite.*

KANOKO-SHA A KIOTO. — Cette exposition collective offrait peu d'intérêt en comparaison des autres. — *Mention honorable.*

SHINÉ-SHIOBEI, fabricant et marchand à YOKOHAMA. — *Mention honorable.*

TSOUDZOUKI YODJYÉMON, fabricant de GOUNAÏ. — Tissus distingués, mérite d'être mis au rang des premiers exposants. Considérant que cet exposant avait exposé des tissus supérieurs avec mesures et dessins européens, le jury lui décerna la *Médaille pour le Progrès.*

EBARA-TEIZO, fabricant à KIRIOU, à la hauteur du précédent, quant à la qualité du produit, cependant moins varié pour les articles. — *Médaille pour le Mérite.*

DÉPARTEMENT DE FOUKOUSHIMA (province d'Iwashiro). Bonne fabrication. — *Mention honorable.*

DÉPARTEMENT DE TOYOKA (province de Tango).

DÉPARTEMENT DE GUIFOU (province de Mino).

DÉPARTEMENT DE FOUKOUOKA (province de Tshikousen).

DÉPARTEMENT DE KAGOSIMA (province de Satsouma).

Bonne fabrication, chacun de ces départements a obtenu la *Mention honorable*.

DATE-YASZKÉ, fabricant à KIOTO. — Étoffes superbes, surpassant toutes les autres pour la beauté et la richesse du tissu, des couleurs et du dessin. — *Médaille pour le Progrès*.

Le jury fut d'accord que la fabrication du Japon peut se mesurer avec l'industrie de l'Europe et qu'elle surpasse même cette dernière pour certains tissus. Cependant les prix de ces étoffes étaient portés si haut, que le jury se vit contraint de supposer qu'ils avaient été considérablement surfaits en vue de l'Exposition, ce qui, à son grand regret, a rendu impossible de compléter le parallèle des industries du Japon et de l'Europe.

SOIES ÉCRUES

Quant à l'exposition des *soies écrues*, nous trouvons dans le jugement du jury la confirmation d'une décadence dans la qualité des soies japonaises.

Parmi les départements exposant des soies *Oshiou*, le

jury n'en a trouvé que deux à distinguer, et encore ne leur a-t-il accordé que la *Mention honorable*. Ce sont :

DÉPARTEMENT DE MIYANGI (province de Rikousen). — Pour la soie *Kinkasan;* cette soie, réputée la plus belle du Japon, représentait ce qu'il y avait de mieux en fait de soies Oshiou ; cependant les échantillons de cette soie aussi ont fourni la preuve qu'elle a dégénéré de sa qualité primitive.

DÉPARTEMENT DE FOUKOUSHIMA (province d'Iwashiro).— Exposait les soies dites *kakéda* qui jouissaient autrefois en Europe d'une réputation distinguée.

Quant aux soies *Sinshiou*, le jury trouva que ces soies ont, mieux que le reste, fait preuve de leurs qualités primitives ; et il décerna une *Médaille pour le Mérite* aux deux départements suivants :

DÉPARTEMENT DE TSHIKOUMA
DÉPARTEMENT DE NAGANO } province de Sinshiou.

Les soies du DÉPARTEMENT DE SHIDA étaient de bonne nature et de qualité médiocre. Le jury leur décerna la *Mention honorable*.

FILATURE A YÉDO. — Appartenant à la section du gouvernement pour l'encouragement des entreprises industrielles.

FILATURE A TOMIOKA. — Appartenant aussi au gouvernement.

Vu la grande importance de ces deux institutions travaillant à la régénération des soies du Japon, vu aussi l'identité du but que se sont proposé ces deux établissements, le jury a cru devoir, sans tenir compte de la qualité réciproque de leur soie, décerner à chacun d'eux la *Médaille de Progrès*. En outre, le directeur de la filature à Tomioka, M. *P. Brunat*, et celui de la filature à Yédo, M. *G. Muller*, ont reçu la *Médaille de Collaborateur*, — de même, M. *Greeven* et M. le professeur Dr *Wagener*, qui ont rendu de grands services pour l'exposition des soies à Vienne.

Au gouvernement japonais fut décerné *un Diplôme d'honneur*, soit pour les grands efforts tentés par lui en faveur de l'Exposition, soit pour les tendances civilisatrices auxquelles il s'est livré depuis quelque temps.

Parmi les exposants de soies écrues, les suivants n'ont reçu aucune distinction :

Département Akita (province d'Oungo).

Département de Wakamatz (province d'Iwashiro).

Département d'Oïtama (province d'Ouzen).

Département de Yamangata (province d'Ouzen).

Département d'Iwamaï (province de Shimozouké).

Département d'Yamanashi (province de Koshiou).

Département de Mikawa (province d'Etshiou).

Département de Tsourouga (province d'Etsbizen).

10

DÉPARTEMENT DE TOYOKA (province de Tango).

DÉPARTEMENT DE SHIGA (province de Goshiou).

DÉPARTEMENT DE HIROSHIMA (province d'Aki).

DÉPARTEMENT DE TOTCHIGUI (province de Shimozouké,.

APPENDICE

LE BOMBYX YAMAMAÏ

I

LA CULTURE DU YAMAMAÏ

Les essais réitérés que l'on a faits en Europe avec les diverses races du ver du chêne nous ont engagés à donner en terminant notre étude, les notes suivantes sur la culture du yamamaï au Japon, son pays d'origine.

ORIGINE — SIÈGES ACTUELS

Les annales du Japon parlent *du ver à soie yamamaï* pour la première fois à la date de 1487. C'est dans cette année qu'eut lieu la prise de possession de l'île de Fatsisyo par les Japonais, et c'est là, dit-on, que les chenilles yamamaï furent découvertes. Elles étaient répandues sur

toute cette ile, la soie en était fort estimée des indigènes
et employée dans la fabrication de tissus (Fatsi-syo-kinou).
L'éducation du yamamaï s'est propagée au Nipon à une
époque beaucoup plus récente et cette soie, à cause de sa
rareté, ne fut d'abord consommée qu'à la cour. La soie
yamamaï se distingue par son fil fort et plein comme par
sa grande tenacité. La chenille se trouve également dans
les îles Liou-Kiou. A l'heure qu'il est, l'éducation du
yamamaï au Nipon est principalement établie dans les
provinces de *Sinshiou*, *Mino*, *Goshiou*, *T'anba*, *Tango*,
elle est moins fréquente dans *Etshingo*, *Koshiou*, *Totomi* et *Mikawa*. Ainsi que cela se voit sur notre carte,
on la trouve le plus souvent dans les contrées où s'élève le
Bombyx mori. Dans les provinces de Sinshiou, Mino,
Goshiou et Mikawa, cependant, il y a des districts où l'on
élève exclusivement le yamamaï. Pour cette éducation,
ainsi que pour celle du *Bombyx mori*, la province de
Sinshiou figure au premier rang. C'est là que les habitants d'une quinzaine de villages se sont réunis en association dite *matsougawa-gumi*, dans le but de s'occuper
exclusivement de l'élève du yamamaï et de la production
de cette espèce de soie. Le principal siège de cette association est *Fouroumaya*.

PRODUCTION

On s'est fait des idées exagérées, en Europe, sur *la
production du yamamaï* au Japon. Elle ne saurait, à la

vérité, être fixée exactement, mais il paraît qu'elle est peu
considérable. Ces soies ne se présentent pas au marché d'exportation de Yokohama, parce qu'elles ne trouveraient pas
de preneurs. Leur quantité insignifiante et la difficulté qu'il
y a pour les teindre, ont empêché le débit de ces soies en
Europe. Au marché indigène ne parviennent que les belles
qualités yamamaï, et l'on nous assure que la quantité n'en
dépasse pas cent balles de soixante-quinze livres anglaises,
tandis que les qualités inférieures sont employées par les
éducateurs eux-mêmes pour leur usage personnel. Il va
sans dire que l'on ne saurait fixer cette dernière quantité.
Les plus belles qualités ne s'emploient que pour étoffes de
luxe.

Il est probable que l'élève du *Bombyx mori* a mis obstacle à la propagation du yamamaï. Du moins il est reconnu
qu'au Japon elle ne joue qu'un rôle inférieur. Toutefois elle
fournit au petit cultivateur une occupation secondaire des
plus lucratives. En Europe, où les études approfondies
de Guérin-Menneville, Personnat et du docteur Wallace
ont répandu beaucoup de lumière sur cette race, elle pourrait bien obtenir une faveur croissante, et là, où se trouve
la feuille servant à leur nourriture, procurer ainsi aux cul-
tivateurs une ressource secondaire facile à exploiter.

II

ÉDUCATION DU YAMAMAÏ

———

CHENILLE YAMAMAÏ

La couleur des chenilles yamamaï ressemble tellement à celle des feuilles qui leur servent de nourriture, qu'il faut d'abord y habituer ses yeux avant de pouvoir distinguer la chenille d'avec les feuilles : sur le flanc, la chenille porte une ligne claire qui finit en arrière par une tache sombre, et vers la tête il y a deux points ronds couleur vif argent ; en outre, le corps présente plusieurs petites taches bleues.

ESPÈCES DE CHÊNES

Les arbres dont les feuilles servent de nourriture aux

vers sont très-variés, tous de la famille des chênes ; voici
les plus connus :

> *Kounogui* (quercus serrata).
> *Kashiwo* (quercus dentata).
> *Okagashi* (quercus bergeri).
> *Shiroikashi* (quercus glanca).

On dit que chacune de ces différentes espèces exerce sur
le développement des vers une influence particulière. Quand
on nourrit avec les feuilles du kounogui, les cocons deviennent, dit-on, très-gros et vigoureux, et, en effet, cette
espèce de *quercus* est de l'emploi le plus fréquent dans
l'éducation du yamamaï.

Le système de reproduction le plus en faveur est celui
par semences ; les jeunes plants ne se transplantent qu'une
fois.

SYSTÈMES D'ÉDUCATION

Les vers yamamaï s'élèvent de trois manières : on distingue *l'éducation en plein air*, *l'éducation en cuves* et
l'éducation sur le sol nu.

EDUCATION EN PLEIN AIR

Il va sans dire que *l'éducation en plein air* est celle qui
donne le moins de peine, mais en revanche elle rend moins
que les autres systèmes. Les moineaux et d'autres oiseaux

anéantissent une grande partie des vers et les feuilles sont souvent détruites par des chenilles, de même, les fourmis rouges et noires font de grands dégâts en envahissant les yamamaï par troupes nombreuses.

Les vers s'abritent eux-mêmes sous les branches contre la pluie et le vent ; on les abandonne à leur sort jusqu'à ce que les cocons soient filés. La récolte des cocons se fait souvent de nuit à la lueur des torches, parce que la couleur des cocons ressemble tellement à celle du feuillage, que l'on peut à peine les distinguer de jour, tandis qu'à la lueur du flambeau, le brillant de la soie fait reconnaître les cocons.

ÉDUCATION EN CUVES

Là où est usitée *l'éducation en cuves*, qui rend, nous dit-on, 30 0/0 de plus que le système précédent, on construit, à l'approche des éclosions, de petites cabanes en bambou, où l'on dresse des tables en bois recouvertes de nattes de paille ; elles sont munies de trous sous lesquels se trouvent des cuves qui, dès que les chenilles commencent à éclore, se remplissent d'eau et de branches de chêne. Une fois que quelques centaines de chenilles sont écloses, on les met dans des vases que l'on suspend aux branches, sur lesquelles les chenilles se hâtent de monter. Tous les trois jours on change les branches, et tous les deux jours l'eau des cuves. Le transfert des chenilles se fait généralement en posant les anciennes branches sur les nouvelles. Les chenilles, attirées par les feuilles fraîches, ne tardent pas à y grimper.

Là aussi, les Japonais craignent l'attouchement et traitent les chenilles avec une anxieuse sollicitude. Par la
pluie, le toit de l'enclos est couvert de nattes, de sacs, etc.,
pour empêcher la pluie de percer. A partir de la seconde mue, on se donne moins de peine à cet égard,
un peu de pluie ne pouvant plus nuire aux vers. La
cabane, dont l'utilité principale paraît être de fournir
une protection contre les oiseaux et d'autres ennemis de
ce genre, s'ouvre par en haut de temps à autre, surtout
par un temps chaud, et reste, pendant la quatrième mue,
ouverte tout le jour, l'air frais étant en général très-salu-
taire aux vers.

C'est aussi en les couvrant de nattes et de sacs que l'on
cherche à garantir les yamamaï de l'influence si nuisible
du vent.

ÉDUCATION SUR LE SOL NU

L'*éducation sur le sol nu* se distingue de celle que nous
venons de décrire en ce que l'on plante les branches dans
la terre au lieu de les mettre dans des cuves, et cela également à travers les trous d'une table longue et basse, les
autres détails ne sont que la répétition du système précédent.

ÉCLOSIONS — GRAINAGE — FILATURE

Les *papillons viennent à éclore* vingt-cinq jours environ après la confection des cocons, terme qui, du reste,
offre de grandes variations.

Pour *grainer*, on enferme un certain nombre de papillons mâles et femelles dans un panier en forme de cloche, dont on enlève le couvercle au bout de quatre à cinq jours. Les mâles s'envolent, tandis que les femelles restent en arrière, pondent et meurent au bout d'une dizaine de jours.

Dans le courant du dixième mois, on a coutume de détacher à la main les semences, pour les placer ensuite dans des vases en chanvre de forme oblongue ayant un rebord élevé de plusieurs pouces. A cette époque, un temps froid est très-nécessaire. Au commencement d'avril, les œufs sont placés dans de petits sacs de chanvre, ceux-ci, à leur tour, sont mis dans des boîtes percées de trous pour permettre à l'air de circuler. On suspend les boîtes en plein air et à l'abri du soleil.

Si l'on veut retarder l'éclosion faute de nourriture, on place les boîtes dans des fosses profondes creusées en terre.

Les feuilles viennent ordinairement sur la fin d'avril ou vers le commencement de mai, quelquefois beaucoup plus tard.

Dès que le moment de l'étalage est venu, on applique, au moyen d'une pâte de blé noir ou d'orge, les semences sur des bandes de papier étroites, longues de cinq à six pouces, en mettant une dizaine d'œufs sur chaque papier. Ces papiers alors s'attachent aux branches des arbres, en prenant soin de garantir les graines des rayons du soleil.

L'*éclosion des vers* commence au bout de quatre à cinq jours et dure environ six jours. Les vers grimpent sur les feuilles dès qu'ils ont quitté leur dépouille.

A partir du dixième jour après l'éclosion, les chenilles ne prennent pendant trois jours aucune nourriture, et jusqu'à leur métamorphose, elles emploient environ soixante jours, en traversant quatre mues.

Le premier repos commence le septième jour et dure deux à trois jours, tandis que les trois mues suivantes réclament plus de temps. Le coconnage commence environ dix jours après la quatrième mue.

L'*appareil de filature* pour les cocons yamamaï est des plus primitifs ; le fil passe par la main directement sur le dévidoir.

Avant de filer les cocons, on les cuit pendant dix minutes environ dans de l'eau chaude où l'on a mis préalablement des feuilles de chêne finement hachées, ou bien dans une lessive de blé noir (sarrasin). Ils sont lavés ensuite dans l'eau pure et puis filés.

Les *prix des soies* yamamaï flottent, selon la qualité, entre 400 et 800 dollars par picoul.

Le *prix des cocons* yamamaï se fixe par mille pièces : l'année passée il a varié de quatre à cinq rios, selon la qualité.

FIN

ERRATA

Page 15, ligne 21, *au lieu de* IR, *lisez* IBOURI.

Page 69, ligne dernière, *au lieu de* inou, *lisez* inouï.

Page 79, ligne 9, *au lieu de* au meilleur marché, *lisez* le meilleur marché.

Page 101. ligne première, *au lieu de* avec le Japon. Nous serons, etc., *lisez* avec le Japon,
nous serons, etc.

Tableau représentant les pliages des diverses provenances de Soies du Japon.

Sinshiou-Ida.
(Long cylindre.)

Malbash.
(Grappes-Hanes.)

Hachodji-Tussah.

Oshiou.

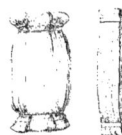

Oshiou-Kakeda.

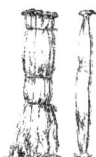

Coshiou.

Etshisen.

Etshiou.

Shida.

Sodaï.

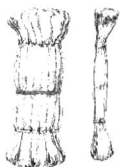

Goshiou.

Tango.

Tamba.

Tajima.

Imprimerie Industrielle de G. de Malherbe, Paris.

L'exportation des Soies de Yokohama.

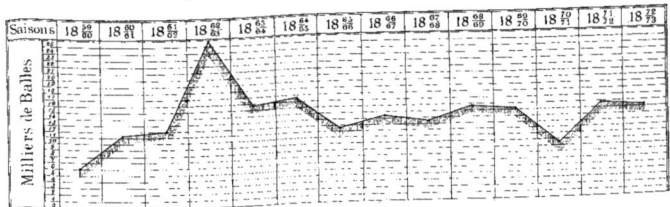

Saisons	18 60/60	18 60/61	18 61/62	18 62/63	18 63/64	18 64/65	18 65/66	18 66/67	18 67/68	18 68/69	18 69/70	18 70/71	18 71/72	18 72/73

Milliers de Balles

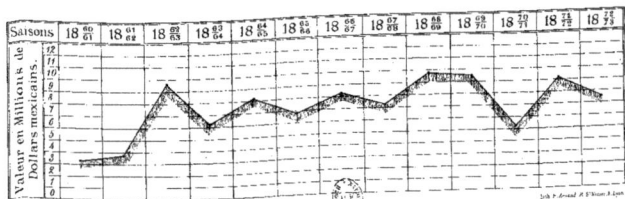

Saisons	18 60/61	18 61/62	18 62/63	18 63/64	18 64/65	18 65/66	18 66/67	18 67/68	18 68/69	18 69/70	18 70/71	18 71/72	18 72/73

Valeur en Millions de Dollars mexicains.

Lith P. Arnaud & V Niaux à Lyon

Cotes
pour best Maïbash.

Saisons	18 $\frac{62}{63}$	18 $\frac{63}{64}$	18 $\frac{64}{65}$	18 $\frac{65}{66}$	18 $\frac{66}{67}$	18 $\frac{67}{68}$	18 $\frac{68}{69}$	18 $\frac{69}{70}$	18 $\frac{70}{71}$	18 $\frac{71}{72}$	18 $\frac{72}{73}$
Mois											

Centaines de Dollars mex.

10 9 8 7 6 5 4 3 2 1 0

pour best Oshiou.

Saisons	18 $\frac{62}{63}$	18 $\frac{63}{64}$	18 $\frac{64}{65}$	18 $\frac{65}{66}$	18 $\frac{66}{67}$	18 $\frac{67}{68}$	18 $\frac{68}{69}$	18 $\frac{69}{70}$	18 $\frac{70}{71}$	18 $\frac{71}{72}$	18 $\frac{72}{73}$
Mois											

Centaines de Dollars mex.

10 9 8 7 6 5 4 3 2 1 0

Fig. 1.

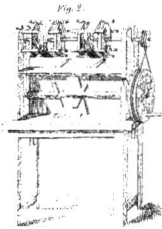

Fig. 2.

Fig. 3.

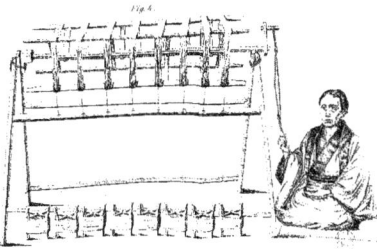

Fig. 4.

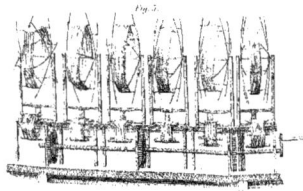

Fig. 5.

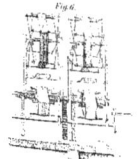

Fig. 6.

Fig. 1.

Fig. 2.

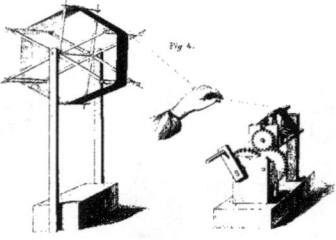

Fig. 4.

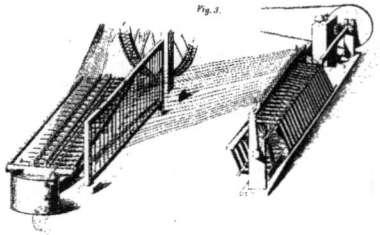

Fig. 3.

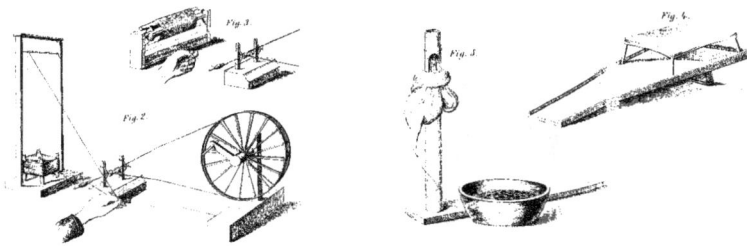

Fig. 2. Fig. 3. Fig. 5. Fig. 4.

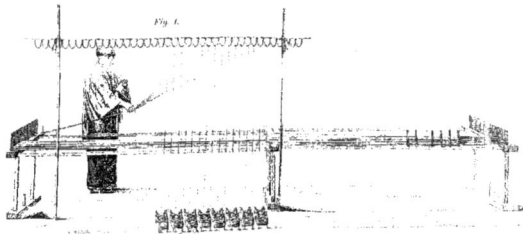

Fig. 1.

Fig. 2.

Fig. 3.

Fig. 1.

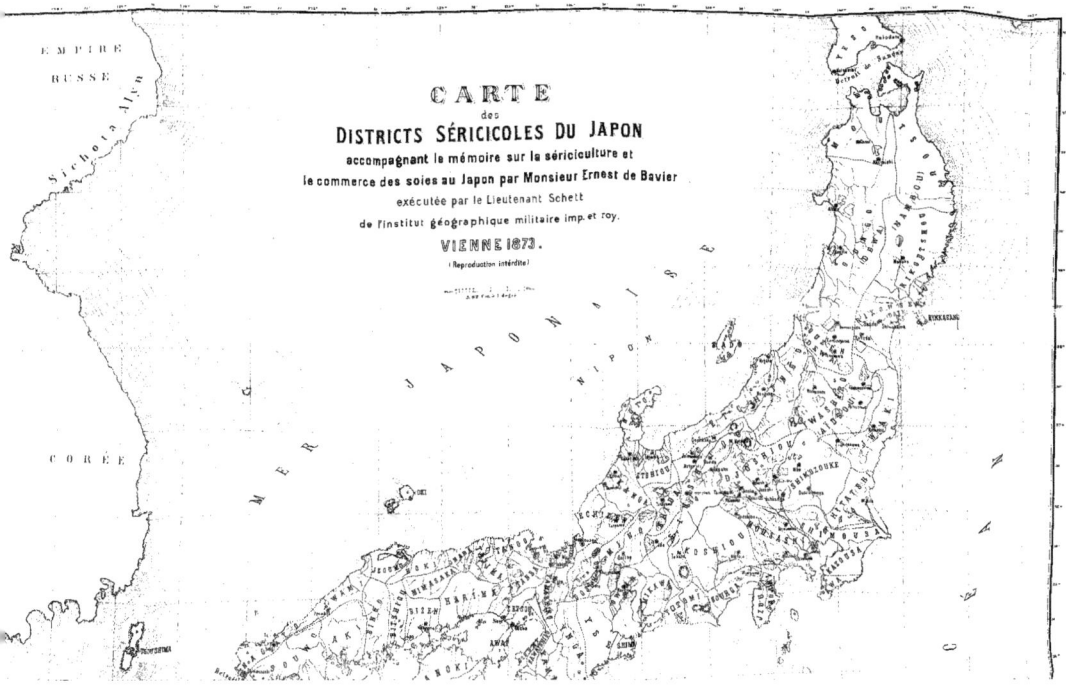

CARTE

des
DISTRICTS SÉRICICOLES DU JAPON

accompagnant le mémoire sur la sériciculture et

le commerce des soies au Japon par Monsieur Ernest de Bavier

exécutée par le Lieutenant Schett

de l'institut géographique militaire imp. et roy.

VIENNE 1873.

(Reproduction interdite)

EMPIRE

RUSSE

Sichota-Alin

CORÉE

MER JAPONAISE

NIPON

OCÉAN

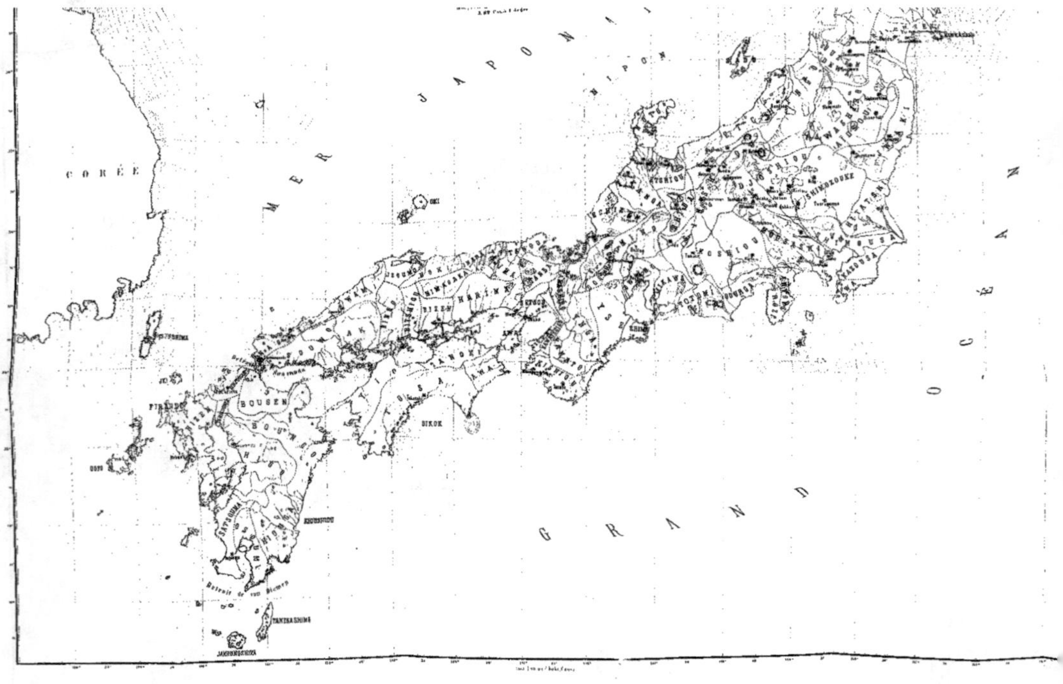
C O R É E
M E R
J A P O N
N I P O N
OKI
G R A N D
O C É A N
SIKOK
BOUSEN
FIRANDO
TOSA
HARIMA
BIZEN

LYON. — IMPRIMERIE PITRAT AÎNÉ, RUE GENTIL, 4.

* 9 7 8 2 0 1 9 5 4 6 4 2 7 *